Uwe Köhler

Essay
über die Leichtkraft

Ein kosmologisches Modell

FSC
www.fsc.org
MIX
Papier aus verantwortungsvollen Quellen
Paper from responsible sources
FSC® C105338

Bibliografische Information der Deutschen Nationalbibliothek

Die Deutsche Nationalbibliothek verzeichnet diese Publikation in der Deutschen Nationalbibliografie; detaillierte bibliografische Daten sind im Internet über dnb.dnb.de abrufbar.

Satz, Umschlaggestaltung, Herstellung und Verlag:
BoD – Books on Demand, Norderstedt

ISBN: 978-3-7557-1453-8

VORSPANN

Nach der Weltformel zu suchen war und ist stets ein edles Ansinnen. Es ist wie die Suche nach einem heiligen Gral. Solange man auf dem Weg zu ihr ist, bleibt sie das Ziel wie eine Projektion in unerreichbarer Ferne. Doch das riesige Wissensgebiet der Physik lässt sich nicht mit einer einzigen, alles umfassenden mathematischen Formel berechnen. Im Werk- und Denkzeug-Kasten der Mathematik schlummern ganz verschiedene Feinwerkzeuge für die mannigfaltigsten Fragestellungen aus den sehr verschiedenen physikalischen Teilgebieten. Wie soll man da das ganze Universum mit einer einzigen mathematischen Abstrahierung erfassen können? Hinzu kommt, dass laut Gödels Unvollständigkeitssatz ein in sich geschlossenes, logisches und widerspruchsfreies Gedankengebäude unmöglich ist, solange man es aus sich selbst heraus überprüfen würde. Genauso geht es uns in unserem Universum. Man müsste sich neben unser Universum stellen können, um eine stimmige Kosmologie zu überprüfen. Nur, wo und was ist dieses Neben? Wer glaubt, eine allumfassende Theorie über den Kosmos zu besitzen, hat immer ein inkonsistentes Aussagensystem vor sich, auch wenn nicht bekannt sein sollte, worin diese Inkonsistenz nun genau besteht.

Auf dem Weg zu einer in sich widerspruchsfreien Kosmologie scheint das Gefügigmachen der das All beherrschenden Schwerkraft nach den Prinzipien von Galilei, Newton und Einstein für die modernste Quanten-Theorie oder das Zurechtbiegen des Standardmodelles der Teilchenphysik für die Allgemeine Relativität nicht in jedem Falle jene Brücke heraus aus der Großen Vereinheitlichung zu sein. Denn Inkonsistenzen wie beispielsweise die Massen der theoretisch masselosen Neutrinos gibt es genug. Klammert man diese Inkonsistenzen aus, bleiben zwei sehr konsistente Reiche zurück, die Gravitationstherorie Einsteins und das quantenphysikalische Standardmodell der Elementarteilchen mit den drei übrigen Grundkräften und ihren Symmetrien. Man sollte diese in sich geschlossenen Gedankengebäude hüten. Je mehr man sie bisher von außen berannte, desto klarer und wahrer zeigten sich ihre Konturen.

Vielleicht hilft es, beide grundlegenden Theorien nicht weiterhin zu vermischen oder sich anzunähern. Die Versuche hierfür verbessern keineswegs die Sicht auf die Probleme. Besser wäre es, Gödel folgend, den Versuch zu unternehmen, alles zu entflechten, um im glücklichen Fall jeweils aus der einen Theorie die Beweise für die Konsistenz der jeweils anderen abzuschöpfen. Auf so viel Glück sollte man jedoch nicht hoffen. Besser wäre, neue Theoriegebäude zu erschaffen, und wenn sie nur dem Zweck dienen würden, auf Lücke für die beiden großen Schwestern zu existieren. Entsprechend einem Axiomen-System in der Mathematik muss ein beschreibendes System der Physik entstehen, in dem sich die Nachweise für die Konsistenz einer Sache zwanglos und fast à priori aus einer benachbarten Theorie ergeben, ohne je in diese als konsistent erkannte Theorie eingepasst worden zu sein.

Es sei erlaubt zu vermuten, dass eine Große Vereinheitlichte Theorie der kosmischen Evolution eine Hierarchie von Prinzipien besitzen muss, deren jedes in der Skala seines Geltungsbereiches ganz bestimmte Berechnungs-Regeln oder Algorithmen erfordert. Bevor jedoch die mathematische Abbildung eines jeden physikalischen Sachverhaltes samt seiner Verbindungen zu ähnlichen oder benachbarten Physikbereichen gelingen kann, um damit berechnete exakte Voraussagen für den Aufbau der ganzen Welt heute, gestern und morgen vornehmen zu können, bedarf es eines Modelles für die Standortbestimmung aller an der Kosmologie beteiligten Theorien und Berechnungsmöglichkeiten. Das hier vorgeschlagene Modell über das Universum ist ein Versuch, unter Wahrung möglichst vieler etablierter Theorien, Abstrahierungen, Ideen und Modelle zu unserem Weltall einen übergeordneten und neuen, anderen Zusammenhang zu beschreiben, ohne deren einzelne Gültigkeiten innerhalb ihrer Skalierung zu untergraben, für die diese speziell erschaffen worden sind. Den Vorzug erhielt dabei folgerichtig die verbale Beschreibung der Dinge unserer physischen Welt vor deren mathematischer Abstrahierung und einem festgemauerten Abguß in eine Berechnungs-Formel.

Essay über die Leichtkraft

Das Newtonsche Gravitationsgesetz samt seinen Axiomen sowie das Einsteinsche Allgemeine Relativitätsprinzip sind allgemein bekannt. Der Kosmos scheint sich jedoch nicht immer an diese Regeln zu halten. Dies beginnt damit, dass die Bewegungen von Galaxien nur dann mit den Gravitationsgesetzen übereinstimmen, wenn bisher verborgene Masseäquivalente hilfsweise hinzugefügt werden. Es setzt sich fort, wenn der beobachtete Raum um Skalen erweitert wird, die ganze Galaxien-Haufen-Gruppen einbeziehen. Dann wird die geisterhaft nichtvorhandene Masse so riesig, dass sie überhaupt nicht mehr zu übersehen sein sollte. Fündig wurde man bisher nicht. Also ergaben sich die Schlussfolgerungen, dass zusätzlich zur bisher bekannten und irgendwie strahlenden Substanz noch weitere Weltbestandteile wie die Dunkle Materie oder Masse und später die Dunkle Energie sowie das Higgs-Feld im Verborgenen existieren müssen. Jene Dunkle Energie erinnert zudem an die Zuhilfenahme der Kosmologischen Konstante, die notwendig wurde, um das Universum nicht durch die anziehende Wirkung der Schwerkraft in sich zusammenstürzen zu lassen, denn diese Dunkelenergie wird aktuell für die beschleunigte Expansion unseres Universums verantwortlich gemacht. Wer an den Weltäther denkt, liegt auch nicht ganz daneben.

Ein anderer Zugang zum Problem einer bisher unfassbaren verborgenen Welt wäre immerhin, ganz aristotelisch das zu nehmen, was man hat, und es so anzunehmen, wie man es hat, aber alles ganz verändert interpretiert. Hierfür ist es zuerst notwendig, sich in das für diese eine andere Erklärung zu Grunde liegende kosmologische Modell hineinzuversetzen, welches als ein **Konformationen**-Modell bezeichnet werden kann. Wie sein

Name besagt, besteht der Kosmos ausnahmslos überall modellhaft aus verschiedenen Zuständen des Vakuums, modellkonform Konformationen genannt, die sich ineinander nach Gesetzen und Mechanismen umwandeln können.

Zunächst benennen wir in unserem Modell die strukturelle physikalische Grundlage des kosmischen Vakuums mit **Vakuumpatrix**, hier kurz auch als **Patrix** gehandhabt. Ihre unterschiedlichsten Eigenschaften werden durch ihre **lokale Energiedichte** hervorgerufen, die stets auch eine energieabhängige Vakuumstruktur formiert. Dieser Dichteparameter bezieht sich wie alle Relativgrößen der Dichte auf ein der Betrachtung angemessenes Raum- oder Raumzeit-Segment. Je nach Skalierung des untersuchten Systems wählt man beispielsweise Kubikzentimeter, Liter, Barrel, Kubiklichtjahr, Sonnenvolumen, Galaxishalo oder auch das Universoid unseres Universums. Auch die Unendlichkeit ist erlaubt.

Aus den Betrachtungen über den Gesamtenergiegehalt der Patrix heraus sei postuliert, dass die hypothetische Feinstruktur der Patrix bei Zu- oder Abnahme der Gesamtenergie eine andere Anordnung ihrer Konstituenten annimmt, um bei möglicherweise gleichen Grundbausteinen qualitativ verschiedene Konformationen zu bilden. Zerstrahlt beispielsweise ein Elektron mit seinem Antiteilchen Positron, beides im vorliegenden Modell Enkluster einer höherenergetischen Konformation, in einem Gammablitz, so verteilt sich die Energie beider Enkluster letztendlich als fluktuierende Bewegungsenergie in einem ungleich größerem Volumen des kosmischen Quanten-Vakuums, der niederenergetischeren Konformation unseres Modelles. Im umgekehrten Fall erzeugt genügend starke elektromagnetische Strahlung geeigneter Wellenlänge Teilchenpaare aus Materie und Antimaterie. Oder innerhalb eines Atomkernes entbeulen sich Gluonen zu virtuellen Mesonen, Chimären aus Materie und

Antimaterie. Die Energie der Patrix vermag also, je nach lokaler Energiedichte, sowohl von einer in eine andere Konformationen hinüber zu wechseln als auch gewandelt zu werden, einmal als spontane Konformationsübergänge entsprechend des 2. Hauptsatzes der Thermodynamik und ein andermal als nichtspontane, energieabhängige Konformations-Umschläge unter einer Anwesenheit von Strukturen der Materie, die gleichsam als Katalysator fungieren.

In unserem Modell nun verteilt sich die Gesamtenergie der Patrix einer jeden Konformation innerhalb eines definierten Beobachtungsraumes nach einem strukturierenden Prinzip auf dem Weg des geringsten Widerstandes analog des Zweiten Hauptsatzes der Thermodynamik in einem dynamischen Gleichgewicht auf die hier postulierten drei verschiedenen **Energieformen** der jeweiligen Konformation der Vakuumpatrix: **Innere Energie, Fluktuationsenergie** und **Äußere Energie**.

Es sei weiterhin postuliert, dass die Patrix in mehr als zwei verschiedenen Konformationen vorkommt, die sich qualitativ wesentlich voneinander unterscheiden. Jede Konformation besitzt typische Eigenschaften und ist gekennzeichnet durch die lokale Energiedichte ihrer Inneren Energie sowie ihrer Gesamtenergie und einer für jede Konformation charakteristischen Relation der Inneren, Äußeren und Fluktuations-Energie zueinander.

Zum besseren Verständnis dieser Konformationen der Vakuumpatrix wird auf folgendes Hilfsmittel zurückgegriffen. In Analogie zu den vier physikalischen Aggregatzuständen der stofflichen Materie, Festkörper – Flüssigkeit – Gas – Plasma, werden Eigenschaften dieser vier Konformationen **Vaksoliduum – Vakliquiduum – Vakmosphäruum – Vakma** angenommen, die von einem gänzlich erstarrten bis hin zu einem zerfaserten, chaotischen und turbulenten Grundgerüst der Vakuumpatrix reichen.

Folglich gibt es im Modell drei Konformationsübergänge der Vakuumstruktur zu je zwei Richtungen.

Es wird sich erweisen, ob wirklich alle vier aufgeführten Konformationen existieren. Vielleicht gibt es sogar noch weitere Konformationen oder Subkonformationen. Für die folgende Betrachtungsweise ist es zweitrangig, ob ein noch energieärmeres Infravaksoliduum oder ein noch energiedichteres Hypervakma existiert, weil der übliche anthropozentrische Standort auf die Grenzfläche zwischen Vakliquiduum und Vakmosphäruum, also mittenhinein, gelegt wurde.

Die hypothetischen Konformationen ließen sich ebenso wie Stoffe und deren Gemische und Legierungen in Zustands-Diagrammen grafisch veranschaulichen. Vermutlich stellt sich in solcher Darstellung die existentielle Bandlücke stabiler Enkluster wie der Protonen und Elektronen im Kosmos ebenso wie eine Anomalie dar wie beispielsweise die Dichte-Anomalie des Wassers bei 4 Grad Celsius bis zum Wechsel vom flüssigen in den festen Aggregatzustand.

Für eine noch bessere abstrakte Anschaulichkeit kann man sich z.B. vorstellen, dass jeder Konformation ein Band an möglicher Innerer Energie der Patrix auf einer Skala von 0 bis 1 zugeordnet wird. Man kann noch weiter vereinfacht annehmen, dass jede einzelne Konformation über 0,25 Einheiten an Innerer Energie verfügt. Ob diese gedachte Skala linear, logarithmisch oder sonstwie nichtlinear ist, sei zunächst als unwichtig angesehen. Prinzipiell ändern sich die Eigenschaften jeder Konformation innerhalb ihres Energiebereiches von 0,25 Einheiten nur graduell, um bei der Passage der Energieschwellen 0,25; 0,50 und 0,75 Energieeinheiten zu einer benachbarten Konformation einen qualitativen Umschlag zu erleben.

Die energetischen Unterschiede der Konformationen im Vergleich untereinander sind so groß und dazu noch in so unterschiedlichem Maße mit Energie-Austausch-Quanten bestückt, dass Wechselwirkungen innerhalb jeder Konformation störungsfrei von benachbarten Konformationen ablaufen können. Energetische Prozesse im Vakliquiduum beispielsweise können so unterdimensioniert sein, dass sie als Bestandteil von Systemen mit vakmosphärischem Rückgrat energielos erscheinen. Erst bei Relativbewegungen innerhalb des Vakliquiduums nahe der Lichtgeschwindigkeit beginnt die relativistische Massezunahme bzw. Zeitdehnung der vakmosphärischen Enkluster der Apparatur sowie der zunehmende Verlust des atomaren Zusammenhaltes der Materialien Bedingungen zu schaffen, die zu einer Verschiebung der Anteile beider Konformationen hin zum Vakmosphäruum führt.

Innere, Äußere und Fluktuations-Energie besetzen in diesem Modell nach einem **Stapelprinzip** drei übereinanderliegende Energiebänder in jeder Patrixkonformation, die sich sowohl überlappen oder entkoppeln als auch im Sonderfall exakt benachbart nur berühren können. Innerhalb eines beobachteten oder definierten Raumzeit-Segmentes können neben- oder ineinander Patrix-Konformationen mit insgesamt drei Energieformen, mit nur zwei Energieformen oder vielleicht auch nur mit einer Energieform vorkommen. Laut jenem vorgeschlagenen Prinzip gibt es also im Beobachtungs-Raumzeitraum materielle Strukturen, deren Gesamtenergie diesen Strukturen erlaubt, nur aus einer, aus zwei oder auch aus drei Energieformen zusammengesetzt zu sein. Ist die Gesamtenergie so, dass damit nur ein Energieniveau, also nur ein Energieband der Konformation ausgefüllt werden kann, besteht der gesamte Beobachtungsraum demzufolge nur aus einer Energieform des unteren energieärmsten Bandes. Weil jeder Stapel unten auf dem Boden beginnt, liegt auch der quantendynamische Stapel Innere Energie als unterstes Energieband bei der Nullpunktsenergie der Patrixkonformation beginnend bis zu einem Energiebetrag reichend, der noch charakteristisch für überwiegend aus Innerer Energie bestehende Patrix ist. Damit bleibt die Gesamtenergie im Bereich der Inneren Energie gleichsam als Bestandteil der Patrixstruktur und bestimmt, in welcher Patrix-Konformation diese vorliegt.

Übersteigt nun die Innere Energie eine Grenzenergie, wird die Patrixstruktur also energetisch angereichert; was man sich physisch als eine Ausdehnung, als eine Deformation, eine Krümmung der Raumzeit, eine Auflockerung, eine Zunahme der wabernden Binnenbewegungen des Quantenozeans, eine Oszillation oder eben als eine Um- sowie Neuformierung der Patrix vorstellen kann; verschiebt sich entsprechend des Stapelprinzips das Energie-Gleichgewicht allmählich zugunsten der Zunahme der Fluktuations-Energie. Über das Innere Energieband legt sich das energiereichere Band der Fluktuations-Energie als dynamische Energieform, die virtuell oder reell, quantisierbar und wie der Name besagt, fluktuierend ist. Permanente periodische Fluktuationen sind Oszillationen. Das Band der Fluktuationsenergie kann auch als Überschneidungszone zwischen Innerer und Äußerer Energie verstanden werden. Die Fluktuations-Energie kommt innerhalb der Patrix als Schwingung, Resonanz, Oszillation, als lokale Struktur-Auflockerung und als virtueller Bereich kurzzeitig vorhandener Äußerer Energie vor. Die Fluktuations-Energie ist quantendynamisch ein Zwitterzustand. Sie ist bei Beobachtung aus der Patrix einer bestimmten Konformation vom Energiebetrag her sowohl Teil deren Innerer Energie als auch Teil der Inneren Energie einer strukturell anderen zweiten Patrixkonformation mit höherem Energiegehalt und somit bereits Äußere Energie für den Beobachter innerhalb der ersten Konformation. Ist die Fluktuations-Energie einer Konformation also gering, so gehört sie mit höherer Aufenthalts-Wahrscheinlichkeit zur Inneren Energie der Patrix. Ist sie hoch, ist ihr Aufenthaltsbereich statistisch gesehen wahrscheinlicher in der Äußeren Energie.

Wenn ein Beobachter nur innerhalb der Fluktuationsenergie „sitzt", ließe sich die Bandstruktur der Energieverteilung innerhalb der Patrix anschaulich auch so beschreiben, dass es dank eingeschränkter Beobachtungsmöglichkeiten nur Fluktuationsenergie gibt. Man würde sie einfach „die" Patrixenergie benennen können. Innere und Äußere Energie wären bei dieser Betrachtung grenzwertige raumzeitliche Energie-Staus an den oberen und unteren Rändern des jeweiligen Bandes der Patrixenergie. In beiden Extremen materialisieren sich aus dieser Sicht zwei verschiedene benachbarte Patrixkonformationen. Die Fluktuationsenergie bleibt hierbei der Energietransporter, der die energetische Barriere zwischen den Nachbarkonformationen durchdringen kann. Angenommen, es gäbe Wesen, die nur aus Fluktuations-Energie bestünden, so würden diese bemerken, dass überschüssige Energie irgendwie in das Nichts verschwinden könnte, genauso, wie sie daraus wieder geheimnisvoll hervorquellen würde. Mehr noch, beim Unterschreiten der unteren Energie-Schwelle wäre jegliche Energiemenge plötzlich weg, weil das unsichtbar untere Energieband der Inneren Energie sie verschluckt hätte.

Wird das Band der Fluktuationsenergie von einem der beiden benachbarten Energiebänder getrennt, so bedeutet dies, dass ein Energietransfer zwischen beiden Konformationen nicht mehr möglich ist. Die Enkluster können sich dann ohne Wechselwirkung mit der Patrix innerhalb dieser nach eigenen Gesetzen bewegen, untereinander Gruppierungen eingehen oder Quanten ihrer eigenen Energiequantisierungen austauschen, ohne dass die umgebende Patrix am Energieaustausch involviert ist.

Eine Entkoppelung des Energietransfers zwischen Äußerer und Innerer Energie der Patrix ist also gleichbedeutend mit der Möglichkeit der Existenz stabiler, eingebetteter Enkluster in dieser einbettenden Patrixkonformation.

Das beschriebene Modell erlaubt also auch, dass Fluktuations-Energie, die sich in einem andauernden oszillierenden Wechsel von einer Seite der Grenzmembran zwischen zwei Konformationen auf die andere und zurück befindet, exakt portioniert existieren kann. Die Fluktuation von Energie aus der Inneren in die Äußere Energie und auch zurück wechselt dabei alternierend die Qualität ihres Ausbreitungsmediums. Es ist stets ein Sprung von einer Patrixkonformation in die benachbarte. Es lesen sich hierbei bestimmte Größen an Energiepaketen bevorzugt aus. Denn oszillierende Fluktuationen werden somit beständig durch zwei sich abwechselnde qualitative Übergänge optimiert, ein Prozess, der letztendlich die exakten Energiegehalte aller Quanten festlegt.

Anders verhält es sich mit Fluktuationsenergie, die in der Raumzeit der Patrix eher ortsfest beherbergt wird. Beispielsweise ist gekrümmter Raum ein deformiertes Vakliquiduum. Ohne Krümmung ist es vakliquide Patrix in Reinform. Nimmt die Krümmung zu und verbleibt lokal im Ursprungs-Raumzeitraum, so ist dies immer noch Innere Energie im Vakliquiduum unter allmählicher Energieanreicherung. Wenn sich die Krümmung jedoch fortpflanzt, sich feldartig weiterbewegt, Nachbarbereiche anregt, so handelt es sich hierbei bereits um Fluktuations-Energie innerhalb vakliquider Patrix. Bleibt die Bewegung dieser Energieausbreitung gleichförmig, d.h. ohne Beschleunigung, gelten die Regeln der Speziellen Relativität. Zueinander beschleunigte Energieformen erfordern die mathematischen Gleichungssysteme der Allgemeinen Relativitätstheorien, wobei Massen hierin als ganz spezielle Energie-Behälter angesehen werden können, innerhalb derer die Allgemeine Relativität nicht gilt.

Die Fluktuationsenergie des Vakliquiduums ist damit auch die Quelle für die Wirkung der Gravitation. Zuerst deformiert sie die Raumzeit, was als Krümmung derselben beschrieben wird. Dann übt sie auf Raumbereiche anderer Konformationen summarisch eine Schubwirkung aus. Beeinflusst wird die Richtung dieser Schubwirkung wiederum von den Strukturen, auf die der Schub wirkt, gleichsam als eine Rückkopplung in die Fluktuations-Energie beherbergende Patrixkonformation.

Reichert sich Energie weiter lokal an, kann sie den Energiegehalt der Fluktuationsenergie übersteigen und verändert die ursprüngliche Patrixstruktur so sehr, dass dieser Bereich mit höherem Energiegehalt den Patrixverbund verlassen kann und außerhalb der Patrix als energiereichere Form der Äußeren Energie auftritt. Diese besteht aus den außerhalb der ursprünglichen Patrix beweglich vorkommenden Energieformen, die nicht mehr an die Struktur der ursprünglichen Patrix gebunden sind. Nimmt diese Äußere Energie einer betrachteten Patrixkonformation einen stationären Zustand ein, bildet sich also lokal eine abgrenzbare Stelle in der Patrix mit einer anderen Konformation als die der Ausgangs-Konformation, wird dies als modellhafter **Enkluster** außerhalb der ursprünglichen Konformation bezeichnet. Diese Enkluster werden von der umgebenden Patrix umschlossen. Dialektisch betrachtet ist die Äußere Energie der einhüllenden Patrix zur Inneren Energie der Patrix des Enklusters einer anderen, höherenergetischen Konformation geworden. Im Gegensatz zu wieder zerfallenden Strukturen Äußerer Energie ist ein Enkluster ein reelles Gebilde, welches um sich eine **Grenzfläche**, räumlich betrachtet eine **Grenzmembran,** eine **Bran** zur einbettenden Konformation ausbildet. Jeder Enkluster stellt für sich einen permanenten lokalen Konformationsübergang der Patrix dar. Bleibt der Nettoenergieaustausch des Enklusters mit seiner ihn umgebenden Patrix hinter der Grenzmembran gleich, ist er stabil.

Jeder Enkluster innerhalb dieser Modellierung hat prinzipiell die Fähigkeit, Teilmengen seiner Inneren Energie oder die gesamte Innere Energie, die aus der Perspektive der enklustereinbettenden Patrix Äußere Energie darstellt, in Fluktuationsenergie umzuformen. Zu Oszillationen zwischen deslozierter fluktuierender und lokalisierter Innerer Energie kommt es, wenn sich beide Energieformen in regelmäßigen Zeitabständen abwechselnd als partikelähnlichen Enkluster und als räumliche Welle manifestieren. Während der Fluktuations-Phase können sich mehrere Oszillationen überlagern und daraufhin andere Fluktuations-Quanten oder Enkluster erzeugen.

Je kleiner das Masse-Äquivalent des Enklusters ist, desto wahrscheinlicher ist es, dass er vollständig und ohne quantisierbaren Rest in Fluktuations-Energie übergehen kann. Im speziellen Fall der Neutrinos überwiegen dann die Überlagerungen ihrer Wellen so sehr, dass nur noch ein kurzes Zeitfenster für die Oszillation in ein Quant übrigbleibt. Treffen Neutrino- Nachweisexperimente nun nicht immer exakt jenen kurzen Augenblick höchster Daseins-Wahrscheinlichkeit als Enkluster im vermuteten Zielraum, gehen sie leer aus.

Das Konformationen-Modell erklärt weiterhin den Unterschied zwischen verschränkten Photonen und verschränkten Atomen aus der unterschiedlichen Fähigkeit zur Oszillation ihres Anteiles an Fluktuationsenergie. Die Eigenschaft der Verschränkbarkeit selbst ist auch masseabhängig. Je größer die Masse, desto aufwändiger sind die beteiligten Teilchen verschränkbar, weil die Gravitation zunehmend alle Verschränkungs-Effekte stört.

Mit zunehmender Enklustermasse verringert sich zudem die Fähigkeit, vollständig zu fluktuieren. Der relative Anteil der Fluktuationsenergie an der Masse sinkt hierbei und wird bei immer massereicheren Enklustern oder Enklusterverbänden schließlich unbedeutend. Ab dem Erreichen bestimmter Massen geht die Fähigkeit des Enklusters zur Fluktuation gegen Null. Die Fluktuationsenergie quantisiert sich durch oszillierende Membranpassagen zu den Energieportionen der sogenannten Austauschteilchen. Energiemengen unterhalb der Quantengrößen nehmen an der Oszillation nicht teil und verbleiben in der Inneren Energie auf einer der beiden Seiten der Grenzbran. Im Vakliquiduum um vakmosphärische Enkluster herum verbergen sie sich im Quantensee um mehr oder weniger stabile Elementarteilchen. Dies erzeugt z.B. die Lamb-Verschiebung oder möglicherweise auch eine Modifizierung magnetischer Momente um bestimmte Elementarteilchen des Standardmodelles.

Letztendlich stellt jede angeregte Fluktuation für die Integrität des Enklusters oder Enkluster-Ensembles eine „Gefahr" dar, weil er oder es mit statistischer Regelmäßigkeit nicht mehr bei jeder Oszillation in seine Ausgangs-Quantität zurückkehren kann. Zwangsläufig zerfällt der Enkluster bei fehlender Rückkehr-Möglichkeit. Zunächst stehen dabei die verschiedensten Möglichkeiten für die Entstehung der Zerfallsprodukte offen. Analog zum Zweiten Hauptsatz der Thermodynamik reihen sich auch Zerfallskaskaden unter Zunahme der Entropie, auch mit statistisch unterschiedlichen Verzweigungsmöglichkeiten, wobei hier ebenso die Bevorzugung der Materie vor der Antimaterie herrührt. Oszillierende Enkluster sind die Grundlage dafür, dass der Energiefluss im Universum bestimmten Bahnen folgt, der im lebensermöglichenden Energiebereich überwiegend Nicht-Antimaterie anhäuft. Als überkritisch zu bezeichnende Anzahlen zusammengelagerter oder zusammenwirkende Enkluster sowie einzelne überschwere Enkluster zerfallen demzufolge recht schnell, weil ihre etwaige Erschaffung eher unter nur geringer Entropiezunahme vonstatten geht, während eine zerfallsähnliche Fluktuation hin über eine Oszillation in einen energieärmeren Quant mit einem Sprung des Entropie-Anstieges verbunden ist.

Sogenannte instantane Fernwirkungen verschränkter Photonen oder Atome können das Ergebnis der Versuchsanordnungen sein. Das duale quantenphysikalische Verhalten der verschränkten Energiequanten beruht zum einen auf den Eigenschaften als Quant, zum anderen aber auch gleichberechtigt auf der gemeinsamen Herkunft aus einer gemeinsamen Wahrscheinlichkeitswelle im Wellenmodell. Auch die Quanteneigenschaften sind ergänzend und für bestimmte Eigenschaften ausschließend gekoppelt, eben verschränkt wie bei Fermionen immer. Es sollte genügend Möglichkeiten geben, das Verschränkungsexperiment so zu gestalten, dass der Wellencharakter der Testquanten überwiegt. Dann bedarf es keiner instantanen Rückkopplung zwischen den Versuchsteilchen. Auch unbewusst weiß ein guter Experimentator, die räumliche Wahrscheinlichkeitswelle richtig abzugreifen. Obendrein verbessert sich die Präzision der sich gegenseitig ergänzenden verschiedenen Quantenzustände mit der Entfernung vom Aussendepunkt noch, weil die Oberflächengröße der Raumwelle proportional mit der Entfernung und der verstreichenden Zeit anwächst, die Messapparatur dagegen in ihrer Größe unverändert bleibt. Die Messorte sind demzufolge umso trennschärfer, je weiter sie vom Ursprungsort der Energiequanten entfernt sind. Da das mathematische Quadrat der Wellenfunktion am Ort der Messung als Spin materialisiert werden kann, entsteht auf der Wellenoberfläche ein ebenso spinversetztes Arrangement aller beteiligten und verschränkten Quanten wie am Ort ihrer experimentellen Erzeugung. Topologisch ändert sich jegliche Spinorientierung in der mit Lichtgeschwindigkeit c sich aufblähenden elektromagnetischen Raumzeitkugel nicht. Also müssen sich die ausgesandten Quanten zum Zeitpunkt ihrer messbedingten Umwandlung nicht extra verständigen, wie sie ihre Verschränkung aufrechterhalten können. Die Verschränkung existiert ohne Systembeeinflussung immer. Anders liegen die Dinge, wenn bewusst oder unbewusst die Wellenfunktion des gesamten Verschränkungssystems modifiziert wird. Es genügen hierbei kugelsymmetrische Transformationen. Dann scheint unmöglicherweise ein zeitgleicher und koordinierter Spuk das verschränkte System zu retten. Der Spuk heißt Wellenfunktion, genauer, diesen Spuk ins Quadrat.

Ist die enklustererzeugende Quantenoszillation zeitsymmetrisch, sind Bildung und Zerfall spiegelsymmetrisch ablaufende Vorgänge. Das mathematische Quadrat der Wahrscheinlichkeit ihrer Entstehung strebt dann lokal einem Maximum zu, von welchem es sich beim Zerfall wie bei zurücklaufender Zeit wieder entfernt. Exakte Zeitsymmetrie im skizziertem Ablauf scheint eine nicht bewiesene Ausnahme zu sein. Die in der Quarkmaterie inhärente Asymmetrie kann in der energieärmsten Flavour-Familie mit up- und down-Quark, Elektron und Elektronneutrino so gering ausgeprägt sein, dass sie sehr schwer nachweisbar bleibt. Die zerfallsresistenten Sonderfälle Proton und Elektron, weniger Antiproton und Positron, überleben im heutigen Universum deshalb in gewaltiger Anzahl, indem sie sich verdünnt zu Wolken in riesigen Räumen unseres heutigen Universums von den Zerfallswahrscheinlichkeiten infolge von Wechselwirkungen total abkoppeln können. In den Kaonen-Zerfällen in höherenergetischen Leptonen-Familien dagegen herrscht bereits eine geringe deutliche Asymmetrie. Es ist zu vermuten, dass Teilchenzerfälle mit top- oder bottom-Quark-Beteiligung ganz offensichtlich und in vergleichsweise stärkstem Maße unsymmetrisch abrollen.

Für den Energiefluss innerhalb einer Konformation kann man folgende Analogie bemühen. Die Ozeane der Erde sind über Strömungsbänder global verbunden. Man stelle sich das kosmische Vakliquiduum ähnlich strömend vor. Partitionen mit höherem Energiegehalt bedrängen Nachbarbereiche geringerer Energie. Wenn aber auf diesem Wege bereits seit Äonen zumindest in unserem Universum eine gleichmäßige Energieverteilung stattgefunden hat, sind die wesentlichsten turbulenten vakliquiden Strömungen längst zur Ruhe gekommen. Viel schneller z.B. lässt sich Energie in Feldern als Strahlung oder einfach als Masseteilchen wie Baryonen oder Neutrinos fortbewegen. Oder um beim irdischen Wetter einen bildlichen Vergleich zu bemühen, sieht doch ein Sturm-Tiefdruckgebiet oder gar ein Hurrikan einer Spiralgalaxis sehr ähnlich, damit hinweisend, dass im Zentralbereich eines galaktischen Halos das Raumwetter einem Raumsturm entspricht.

Ein Funktionieren des Konformationen-Modelles setzt zunächst mindestens zwei verschiedene Konformationen voraus. Beide Konformationen sind nun nicht einfach benachbart, sondern in einer charakteristischen Weise über ihre Energieformen miteinander verschachtelt. Vielleicht liegt dem Energieaustausch aller Energieformen die Verschränkung zu Grunde. Sie ist dann so gewöhnlich, dass sie kaum noch bemerkt wird und nur beim Auffasern in quantentröpfelnde Energieaustauschprozesse auffällig wird. Eine der beiden Konformationen ist die niederenergetische Konformation, die zweite die höherenergetische. Zwischen beiden materialisiert sich eine Grenzmembran. Diese Membran existiert allein dadurch, dass beidseits unterschiedliche Patrixstrukturen mit jeweils unterschiedlichen Anteilen der 3 Energieformen bestehen. Zwischen zwei benachbarten Konformationen muss demzufolge eine wie auch immer geartete Phobie inhärent sein. Dies bemüht den Vergleich einer Grenzoberfläche zwischen Wasser und einem Öl, die ohne Turbulenzen eine glatte, möglicherweise gewellte oder gedellte Bereiche enthaltende zweidimensionale Topologie besitzt, bei Verwirbelung jedoch

Mischungen aller denkbaren Größen und Kompartimente ausbilden kann. In Anlehnung an die Quantenmechanik, die Quanten-Elektro-Dynamik, die Quanten-Chromo-Dynamik und die theoretische Quantengravitation wird modellhaft gefordert, dass nur speziell portionierte Energiemengen als Fluktuationsenergie die Membran passieren können. Jene Energie-Portionen sind die Brücke zwischen zwei benachbarten unterschiedlichen Konformationen. Die Äußere Energie der niederenergetischen Ausgangs-Konformation schlägt dann qualitativ in die Innere Energie der höherenergetischen Nachbar-Konformation um, wenn die Fluktuationsenergie dieses Raumgebiet energetisch so „überfüttert" hat, dass ein Rückfluten der Energie in die einbettende Ausgangskonformation unmöglich wird. Der entstandene höherenergetische Enkluster blockiert seine Rückverwandlung, indem die konformationstypische Stapelung des anhaltenden Energieeinstromes sofort beginnt. Auch hier im Enkluster spannen sich die drei Energieformen auf. Damit bildet sich auch viel mehr „Stauraum" für einen weiteren Energieanstieg im Enkluster. Wiederum stapelt sich Äußere Energie auf, gespeist von der wesentlich höheren Fluktuationsenergie dieser höherenergetischen Enklusterkonformation. Schlussendlich kann auch diese Äußere Energie zur Inneren Energie eines Enklusters im Enkluster werden. Der Mechanimus dieser Verschachtelung ließe sich modellhaft unendlich fortsetzen, wenn ihm in der physikalischen Welt nicht Grenzen gesetzt wären. Mit der Erosion von Gebirgshöhen vergleichbar überwiegen bei immer höherenergetischen Enklustern schließlich energieverteilende Prozesse, die nur durch immer stärker werdende Barrieren des Energieabstromes in die Umgebung aufgehalten werden könnten. Bereits der erwähnte Enkluster-Enkluster bliebe nur stabil, wenn er durch seinen Herkunfts-Enkluster umhüllend stabilisiert würde. Ohne dessen Einbettung zerfiele er als kurzlebiges Teilchen in der Anfangs-Konformation. Denn die Größe dieses

Quantenquants wurde in einer anderen, energetisch angereicherteren Konformation optimiert. Dessen Quantum ist für die einbettende Ausgangs-Konformation des Enklusters nicht stabil einbettbar. Es zerfällt dort sehr rasch.

Am höchsten verallgemeinert, wird im vorliegenden Konformationen-Modell alles das als ein Quant bezeichnet, was sich in Form eines Enklusters, eines Enkluster-Ensembles oder eines Enkluster-Äquivalentes unter Deformation einer einbettenden Konformation in dieser fortbewegen kann. Quant und quasikontinuierliche Einbettung bilden eine dialektische Einheit.

Wahlweise kann sich lokal in einer Konformation demzufolge ein Enkluster mit höherer oder niederer Energie abgrenzen. Anders ausgedrückt, entstehen in einer energieärmeren Konformation energiereichere Enkluster, wie in einer energiereicheren Konformation Enkluster aus einer energieärmeren Konformation materialisiert werden können. Enkluster-Patrix und die den Enkluster einhüllende Patrix bleiben durch die Möglichkeit eines Konformationsüberganges miteinander verschränkt existent. Kein Enkluster besteht ohne einhüllende Umgebung einer anderen Konformation der Patrix. Über die Enklusterbildung bleiben die beiden Konformationen verkettet. Strömt kontinuierlich Energie in einen definierten Patrixraum ein, sättigt sich zunächst das Band der Inneren Energie. Dann erhöht sich der Anteil der Fluktuationsenergie, was sich zunehmend auf die Patrixstruktur auswirkt. Die Bildungsrate virtueller Energieformen steigt an. Der „Quantenozean“ wird durch einen Energieansturm aufgewühlt. Irgendwo schlägt eine virtuelle Energieanreicherung schließlich in die höherenergetische Patrixstruktur um, damit modellhaft Äußere Energie außerhalb der ursprünglichen Patrixkonformation zu besitzen, und so schließlich die Innere Energie der neuentstandenen höherenergetischen Konformation aufzustocken. Für einen Beobachter des Ganzen entsteht in der Patrix plötzlich ein höherenergetisches Teilchen, welches in seinem Inneren eine andere, höherenergetische Konformation beherbergt, deren Innere Energie nun dessen Struktur und weitere Stabilität bestimmt.

Etwas anders erklärt sich die Bildung von Enklustern der energieärmeren Konformation. Hier muss von einem kontinuierlichen Energieabstrom ausgegangen werden. Laut Stapelprinzip verringert sich zuerst die Aktivität der Äußeren Energie. Dann folgt die Fluktuationsenergie, bis auch deren Aktivität abgezogen ist. Nun muss postuliert werden, dass die Mechanismen der Fluktuationsenergien einen Ventileffekt auf den weiteren Energieabstrom ausüben. Kommen die Fluktuationen zum Erliegen, erschwert sich die Weiterleitung von Energiequanten in die Umgebung. Schließlich erzwingt der weitere Energieabstrom aus der Inneren Energie einen Umschlag in die energieärmere Konformation. Damit verschiebt sich in der qualitativ anderen Konformation die noch vorhandene Gesamtenergie weiter in Richtung Fluktuationsenergie und auch Äußere Energie. Der entstandene niederenergetische Enkluster springt möglicherweise damit unter die bisher üblichen Beobachtungsschwellen. Im vorliegenden Modell ist es auch erlaubt, unter die Nullpunktsenergie des 3. Hauptsatzes der Thermodynamik zu gelangen. Man darf sich natürlich fragen, ob denn der Konformationsumschlag im Konformationenmodell dem Abtauchen unter eine theoretische Schwelle der Thermodynamik gleichwertig ist. Im thermodynamischen System verbleiben wir in unserer gewohnten Zwei-Konformationen-Grenzflächenwelt, im Konformationen-Modell betreten wir eine völlig andere physikalische Energie-Region außerhalb dieser und eine hypothetisch bisher nie heraufbeschwörte Femto-Energie-Welt, die zusätzlich aus einer Konformation unterhalb gewohnter Energie-Mengen besteht, wenn es sie modellkonform so gibt.

Ein spezieller Vorgang ist möglicherweise die Ursache für die Existenz stabiler Teilchen innerhalb einer Konformation. Lässt sich nämlich aus einem Enkluster keine weitere Energie in die Umgebungspatrix abziehen, so entkoppelt sich ein solcher Energiefluss. Entsteht schließlich sogar eine Bandlücke zwischen sonst benachbarten Energieformen, so verharren die Enkluster wie abgeschlossen in sich selbst und sind gar nicht mehr in der Lage, Energie abzugeben. So scheinen stabile Teilchen hinter einer Bandlücken-Barriere so lange unverändert verharren zu können, bis irgendetwas Energieanregendes die Barriere durchdringen kann.

Die allmählichen Änderungen bestimmter Eigenschaften der Patrix können abrupt enden, so dass z.B. sprunghafte Volumenänderungen bei nur geringsten Energieänderungen vorkommen können. Solch eine Dynamik herrscht unter inflationären Expansionen begrenzter Patrixstücke ebenso wie bei deflationären Implosionen ganzer Universoide. Einem lokalen, also raumzeitlich begrenzten Übergang in Form einer Enklusterbildung steht im anderen Extrem ein nichtlokaler Umschlag eines ganzen Universums in eine andere Konformation gegenüber. Das Inflations-Modell unseres Kosmos' beschreibt diese qualitativen Umschläge in andere Konformationen, ohne jedoch die dabei ablaufenden Energieverteilungs-Prozesse zu berücksichtigen. Daher taugt es wohl zur isolierten und theoretischen Beschreibung der Konformations-Übergänge, nicht aber für die reale Dynamik im gesamten All während der Inflations-Stufen.

Eine zweite Möglichkeit für Konformationsänderungen ergibt sich aus einer allmählichen Zunahme der Anzahl von Enklustern innerhalb einer Konformation, die, wenn der Prozeß ungestört und nichtlokal gleichmäßig ablaufen kann, in einer Phasenumkehr endet. Die einbettende Konformation wird zur eingebetteten.

Weiterhin ist ein Konformationsübergang in eine energiereichere Konformation etwas grundsätzlich Anderes als einer in eine energieärmere. Beide Prozesse sind nicht symmetrisch, nicht willkürlich umkehrbar. Bei Berücksichtigung beider Konformationen muss in der Summe stets eine Zunahme der Entropie möglich sein. Dabei kann in einer der Konformationen sogar die Entropie abnehmen. Um so mehr wird in so einem Fall dann die Entropie der anderen Konformation anwachsen. Der Entropiebegriff als Maß der Unordnung von Teilchen-Mengen innerhalb eines gegebenen Volumens führt im Modell zu der Tatsache, dass es eine Entropie für vakmosphärische Enkluster-Ansammlungen innerhalb der Konformation Vakliquiduum gibt, ebenso wie es eine andere Entropie für beispielsweise vakliquide Enkluster-Anhäufungen im Vakmosphäruum geben muss. Jede einbettende Konformation kann also zwei verschiedene Entropiemaße haben, eine für die Anschauung mit den höherenergetischen Enklustern, die andere bei Betrachtungen aller niederenergetischen. Einschränkend muss erwähnt werden, dass keineswegs klar ist, ob es stabile niederenergetische Enkluster in jeder Konformation auch gibt. Das Konformationen-Modell erlaubt ihre Existenz und weist ihnen einen geordneten Platz im Gedankengebäude zu. Sie harren ihrer Entdeckung unter vielleicht exotischen physikalischen Bedingungen. Sollten niederenergetische Enkluster sehr kurze Zerfallszeiten haben, wären sie doch vorhanden und in ihrem Kosmos durchaus angemessen existent. Damit wären sie jedoch für Entropieberechnungen zu instabil oder zu kurzlebig und durch die zeitliche Dominanz der höherenergetischen Enkluster in der Konformation scheint es dann nur die Entropie der höherenergetischen Enkluster zu geben.

Die Existenz von Universen aus mindestens zwei verschiedenen Konformationen erfordert weitere Postulate zu Anzahl und Anordnung der Enkluster in einer den Raum dominierenden Konformation der Patrix. Das Gesamtmaß der Ordnung kann wie in der Thermodynamik als Entropie ausgedrückt werden. Die Entropie des reinen Vakliquiduums beispielsweise wäre ohne jegliche Enkluster Null oder wahlweise unendlich groß, wenn ausschließlich die Quantenfluktuationen innerhalb desselben betrachtet würden. Streng genommen, gibt es in solch einem Universum nichts, was eine Entropie haben kann. Damit wäre es entropielos.

Der Entropiebegriff der traditionellen Thermodynamik als eine thermodynamische Zustandswahrscheinlichkeit, nicht zu verwechseln mit der Wahrscheinlichkeit im mathematischen Sinne, ist nach Boltzmann als Entropie eines Makrosystems S mit der thermodynamischen Wahrscheinlichkeit W der Anzahl aller Mikrozustände, im Modell die Anzahl und Anordnung der vertrauten vakmosphärischen Enkluster des im Vakliquiduum eingebetteten Systems, über das nach ihm benannte Gesetz verknüpft. Einfacher gesagt, ist die Entropie ein Maß für die Unordnung eines Systems und kann im System in thermischer Bewegung dem 2. Hauptsatz der Thermodynamik folgend nur anwachsen. Organisches Wachstum unter Entropieabnahme wie bei den Lebewesen setzt voraus, dass die zu erhaltende Struktur über halboffene Subsysteme wie eine Entropie-Export-Maschine arbeitet.

Ganz gleich, welche Entropie man beobachtet, das Prinzip des Zweiten Hauptsatzes der Thermodynamik ist stets gültig. Man muss jedoch von einer Relativität der verschiedenen Entropien ausgehen, wenn gleichzeitig, aber differenziert alle Entropien im Beobachtungssystem beobachtet werden. Jede Konformation erlaubt je zwei Entropien entsprechend der beiden nebeneinander auftretenden Möglichkeiten von höher- oder niederenergetischen Enklustern. Die Berücksichtigung beider Entropiemaße innerhalb einer einzigen Konformation erfordert einen weit ausgedehnten Beobachtungsraum. Er muss Subräume beherbergen können, in denen sich die beiden verschiedenen Entropien unbeeinflusst voneinander entwickeln können. Das heißt nichts anderes, als dass die Unterschiede in den jeweiligen lokalen Energien innerhalb der Konformation so groß sein müssen, dass zwei vollkommen verschiedene physikalische Welten benachbart sind. In diesem gedanklichen Konstrukt wiederum muss sich der Energiefluss laut Thermodynamik aus den höherenergetischen Enklustern in die einbettende Konformation und weiter in die niederenergetischen Enkluster bewegen. Der Energiefluss kommt schließlich zum Stillstand bzw. wird zunehmend erschwert, wenn die Energieabgabe aus den höherenergetischen Enklustern nicht mehr von den niederenergetischen Enklustern absorbiert werden kann. Ein Sonderfall wird eintreten, wenn alle Enkluster verschwunden sind und die gesamte Energie nur in einer einzelnen Konformation beherbergt wird. Hierin gibt es keine Entropie mehr. Es fehlen die Enkluster, die man messen oder zählen könnte. Das Konformationen-Modell erlaubt demzufolge den Umstieg in eine komplett andere Entropie-Welt über eine durchaus stabile Durchgangssituation ohne jegliche Möglichkeit für Betrachtungen oder Berechnungen einer Entropie. Mathematisch betrachtet hätte diese Stelle einer wie auch immer mit der Entropie verquickten Funktion nicht mal nur eine Nullstelle, sie wäre entweder unendlich groß oder die Stetigkeit dieser Funktion wäre mindestens hier nicht vorhanden. Praktische Berechnungen über Annäherungen enden vielleicht in einer Singularität. Für die Anwendung in unserem Konformationen-Modell muss man von verschiedenen und systemimmanenten Entropien ausgehen, je nachdem welche Enkluster man in welcher Einbettungs-Patrix betrachtet.

Eine Analogie zu jenem Entropiesystem aus vakmosphärischen Enklustern im Vakliquiduum ist demzufolge das aus den Vakmatischen Konstituenten Gluon und Quark im Hadron oder Meson als ein Vakma-Vakmosphäruum-Entropiesystem. Ebenso dialektisch wie mit den Energieformen Innere und Äußere Energie verhält es sich nun mit der Entropie in diesen brückenschlagenden Systemen. Jedes Baryon beispielsweise ist als lokales Masseteilchen Teil der Entropie aller Masseteilchen und masseäquivalenter Energien im einbettenden Vakliquiduum. Gleichzeitig beherbergt es wie ein ganzes Universum für sich allein eine ganz andere Gesamtentropie aller in ihm enthaltenen reellen und virtuellen Vakmatischen Partonen, Gluonen und Quarks, bisher unentdeckte Konstituenten eingerechnet. Voraussetzung hierfür ist natürlich, dass man das Baryon in seiner Gesamtheit als vakmosphärisch ansieht. Tut man dies nicht, so sind erst die viel kleineren Quarks oder die Gluonen oder beides zusammen die postulierten Räume der vakmosphärischen Konformation der Patrix, innerhalb derer Vakmatische Enkluster zu suchen wären. Nur diese Energieballungen aus Vakma ließen eine Berechnung einer wie auch immer gearteten Entropie in einem Entropiesystem aus Vakmatischen Enklustern im Vakmosphäruum zu. Man sollte dieses höherenergetische Entropie-System in dichtesten Galaxienkernen bis hin zu Zentralregionen von Neutronensternen suchen. Uns Lebewesen mit unserer heutigen Technik bliebe der direkte Zugang zu dieser vakmosphärischen Welt zunächst versperrt. Diese gedanklichen Erweiterungen des Entropiebegriffes auf andere Konformationen der Patrix behält die Charakterisierung des Wesens der Entropie sowie die gewohnte Beobachterperspektive aus der klassischen Thermodynamik bei.

Laut Modell gibt es demzufolge mindestens drei verschiedene Entropien zu je zwei Spielarten, die je nach einbettender Konformation vaksolide, vakliquide oder vakmosphärische Entropie heißen müssen. Vielleicht gibt es auch eine Vakmatische Entropie, die dann supravakmatische Enkluster-Anordnungen innerhalb des Vakmas charakterisiert. Alle diese konformatorischen

Entropien sind Meßgrößen innerhalb von Betrachtungsräumen, die in sich verschachtelt wie in Matriona-Figuren nur streng in ihrer Systemebene berechenbar sind. In ausreichend großen Neutronensternen bis hin zu den Schwarzen Löchern wird möglicherweise die Zustandsgröße der vakmosphärischen Entropie im Raumzeitradius des stabilen Vakmosphäruums wichtiger sein als die vakliquide Entropie des gesamten Systems, weil im Volumen des Vakmospäruums, vielleicht des Vakmas, ungleich mehr Energie konzentriert ist als im Vakliquiduums des kosmischen Vakuums.

Entropiegrößen zwischen den Extremen der Nichtexistenz und der Unendlichkeit existieren also nur dann, wenn mindestens zwei verschiedene Konformationen eines Universums berücksichtigt werden. Der gewohnten nichtlokalen Perspektive, die Entropie thermodynamisch als Maß der Unordnung vakmosphärischer Enkluster während aller ihrer Wechselwirkungen zu definieren, muss jene bizarre, ebenfalls nichtlokale Beobachterposition aus allen Enklustern heraus in die vakliquide Umgebungspatrix hinein an die Seite gestellt werden. Der Beobachter agiert sofort lokal, wenn er willkürlich und um seiner Orientierung willen einen dimensionslosen Raumpunkt auf einen Enkluster verlegt und auf diese Weise die physikalische Gleichberechtigung gleichartiger oder ähnlicher Systeme aufhebt.

Im engeren Sinne entspricht also dem Wirkungskreis der beschriebenen Anlehnung an die klassische Thermodynamik nur das modellhafte Vakliquiduum mit seinen verschiedenen vakmosphärischen Enklustern. Das Konformationen-Modell usurpiert einfach die thermodynamische Betrachtung für alle Konformation-Enkluster-Kombinationen. Dabei bleibt noch zu prüfen, ob dies in jeder Kombination tatsächlich der physikalischen Realität entspricht. Dort wo keine thermodynamische Modellierung möglich ist, gibt es demzufolge auch keinen klassischen Entropiebegriff. Ein Kandidat für eine andersartige Entropie-Definition würde das Vaksoliduum sein, denn man begibt sich dort energetisch an die unterste energetische Schwelle, die durch den Dritten Hauptsatz der Thermodynamik definiert ist. Falls hier in absoluter Energeiarmut doch Energieflüsse nach einer wie auch immer gearteten Entropie ablaufen, könnte dies sowohl schwer beobachtbar als auch mit der gewohnten mathematischen Modellierung zunächst nicht vereinbar sein.

Die Entropie sagt stets etwas über die Mikrosysteme innerhalb des Makrosystems des Beobachters oder Teilnehmers aus. Der ungewohnte, weil hierarchisch entgegengesetzte Blick des Beobachters aus seinem Mikrosystem in das ihn umschließende Makrosystem unbekannter Ausdehnung erfordert keinen Entropiebegriff. Auf der Suche nach einer Bezeichnung für diese auch aus der Quantendynamik geborenen Perspektive rückt der synthetische Name der **Ektropie** des Umgebungssystems ins Blickfeld, da Anti-Entropie oder negative Entropie missverständlich sind. Der Begriff Ektropie ist zunächst in Umkehrung der Beobachtungsrichtung ein Maß für die Ordnung der Umgebung eines Enklusters. Da es sich hierbei nicht um eine analytische Herangehensweise handelt, sondern um ein integratives Vorgehen, ist die Ektropie definiert durch die Wahrscheinlichkeit, Art und Stärke einer Beeinflussung des einen Mikrosystems durch alle Makrosysteme, denen es mit statistischer Wahrscheinlichkeit angehört. Falls also ein Enkluster einem und nur einem System angehört, damit in eine feste Struktur eingebunden ist, so ist seine Ektropie gleich 1. Kleiner kann der Ektropiewert ebenso wie definitionsgemäß ein Entropiewert nicht werden. Ein Mikrosystem, welches mit statistischer oder auch quantenstatistischer Wahrscheinlichkeit von exakt 50% in jedem von zwei Makrosystemen verweilt, hat gleichfalls eine Ektropie von 0,5 + 0,5 = 1, nun jedoch addiert mit der imaginären Zugehörigkeit 1 zu einem übergeordneten System, dem beide Makrosysteme mit Sicherheit (100 %) angehören, also 1 + 1 = 2. Wie eine integrative Konstante schleppt sich der Wert 1 als Ausdruck einer letztendlichen Einbettung in ein höchstes System jedes Mal mit hinein. Dieses System kann ja das gesamte abstrakte Universum sein. Es kann vorteilhaft sein, in einer mathematischen Formulierung der Ektropie dieser integrativen Konstante den Wert i zuzuweisen. Damit gehörte jede Meßgröße der Ektropie zur Klasse der komplexen Zahlen und wäre von den reellen Zahlen der Entropiegrößen immer unterscheidbar. In quantendynamischen Systemen mit ihren zwar unscharfen, aber klar definierbaren Begrenzungen fehlt diese Größe entweder ganz oder ist entsprechend ihrer Quantenunschärfe, ihrer raumzeitlichen Begrenzung oder der Beschränktheit des Quantensystems entsprechend ein Bruch, der größer als Null und kleiner als 1 ist. Damit gelingt die Brücke hin zur Beschreibung ektropischer Sachverhalte mit Hilfe der Fuzzi-Logik. Alle Ebenen an Subsystemen steuern ihren Zahlenwert zur Ektropiesumme bei. Je größer also der Ektropiewert, desto mehr Hierarchieebenen an Systemen gehört das fokussierte Mikrosystem an. Ist ein Mikrosystem gleichzeitig Bestandteil von x gleichberechtigten Makrosystemen, so hat es zunächst eine Ektropie von x. Man wird in diesen Fällen immer eine Entscheidung zu fällen haben, welche der involvierten Systeme gleichberechtigt, gleichrangig, gleichstark, gleichwahrscheinlich usw. sind und inwieweit sie sich selbst zu übergeordneten Makrosystemen gruppieren lassen. Der Ektropiewert für ein und dasselbe Masseteilchen wird sich je nach genau zu definierendem Beobachtungssystem stark unterscheiden können. Allein die Wahl der Skalierung der geometrischen Umgebung eines Enklusters bestimmt schon das Niveau der Größe des gesuchten Ektropiewertes. Die Frage der Struktur der gesamten Einbettung des Mikrosystems rückt hiermit in den Mittelpunkt der Beschreibung. Es ist prinzipiell eine ähnliche Frage, ob man es mit inerten Systemen zu tun hat oder nicht. Ein Fermion allein repräsentiert beispielsweise seinen Teil der Ektropiesumme von 1. Gelangt ein gegenspiniges Fermion auf das gleiche Energieniveau wie das bereits vorhandene, haben jedes der beiden den Ektropiewert von 0,5. Die Summe der Ektropie im Energieniveau von 1 ändert sich nicht. Allerdings wäre die Addition von i zur 1 vorteilhaft, um das doppelt besetzte Energieniveau vom einfach besetzten mathematisch unterscheidbar zu machen. Auch eine Modellierung mittels Quaternionen ist denkbar.

Ektropieänderungen lassen sich Entropieänderungen nur unter Einschränkungen zuordnen. Allgemein gilt, dass bei einfacher Umkehr der oben beschriebenen Beobachtungsrichtungen eine Entropiezunahme mit einer Ektropieabnahme verbunden ist. Dies gilt um so sicherer, je größer die jeweiligen Änderungen sind. Ein Ektropieanstieg ist gleichzusetzen mit einer Zunahme der Ordnung, der Strukturierung und der Einbindung in übergeordnete Strukturebenen des Mikrosystems. Der hier eingeführte Ektropie-Wert und seine Entstehung ist wichtig für die Erklärung des Konformationen-Modelles.

Die Besonderheit lebender Systeme ist es, dass weniger das Individuum selbst als jedes seiner Teile im Vergleich zu nichtlebenden Materieformen gleicher Größe außergewöhnlich große Ektropiewerte hat. Jedes Atom, jedes Molekül, jede Organelle, jede Zelle, jedes Gewebe und jedes Organ ist gleichzeitig zu 100% Teil vieler Strukturen, die untrennbar ineinandergewachsen sind. Die Zentralnervensysteme einiger Vielzeller sind ebenso wie der genetische Apparat aller Lebewesen Ektropie-Giganten. Bezieht man biologisch-ethnologische, soziale und wirtschaftliche Vernetzungen mit in diese Betrachtung ein, erhöht sich eine solche Ektropiesumme um weitere Größenordnungen. An den Punkten der Entwicklung, wo evolutionäre Strukturen in eine neue Qualität umschlagen, erhöht sich auch sprungartig die Ektropie. Am leichtesten werden solche Ektropie-Steigerungen mathematisch aufzufinden sein, wenn ansonsten stetige Funktionen, meist in Gleichungssystemen gebündelt, undefinierbare Bereiche bzw. die Stetigkeit verlassende Punkte erreichen oder in mehrdimensionalen Räumen abgebildet auf Singularitäten zusteuern. Nicht auszuschließen ist, dass der Verlust der Stetigkeit im Formelsystem als Kennzeichen einer höheren Ektropie-Qualität und –Quantität herangezogen werden kann. Es wird darüber hinaus postuliert, dass in einer strukturellen Hierarchie aller Strukturen des Kosmos die Ektropie-Werte verinselt sind, so dass bei Zugrundlegung aller möglichen Ektropiegrößen, geordnet nach steigender Größe der mathematischen Werte eine „Quantelung" der Ektropiesummen auftritt. Dies bedeutet, manche Ektropien-Zahlen gibt es sehr selten und vielleicht gar nicht, wohingegen andere oft und dicht vorkommen.

Ektropische Betrachtungen lassen sich mit Hilfe der Mengenlehre gut veranschaulichen. Berechnungen zu präzisen Werten der Ektropie erfordern in direkter Abhängigkeit zur Anzahl einbezogener Quanten sowie übergeordneter Systeme computerisierte Algorithmen für ihre Lösung. Mathematisch sind dies Anwendungen der Netzwerk-Analyse, wobei angefangen bei der Beziehungs-Struktur aller einbezogenen Enkluster und Äquivalente über das Maß der Stärke der Zusammengehörigkeit zweier Netzwerk-Elemente am Ende für jeden Enkluster ein numerischer Wert aufaddiert werden kann. Jene nunmehr skalare Größe entspricht je einem Punkt in einer mehrdimensionalen mathematischen Matrix. So kann die Ektropie sogar als Tensor, vergleichbar dem Ricci-Tensor, angesehen werden. Im Konformationen-Modell ist das mathematische Objekt „Ektropie-Tensor" mit dem Gravitations-Tensor in Beziehung zu setzen, wenn die einbezogenen Enkluster gravitativ wirksam sind. Zu prüfen bleibt , inwieweit dieser aus der lokalen Ektropie abgeleitete Tensor die Energiedichte der Dunklen Energie abbildet bzw. an die Struktur der gesuchten Dunklen Materie angelehnt werden kann. Da es sich beim Higgs-Feld auch um eine Matrix aus skalaren Größen handelt, die die Gravitation heraus aus den Massen in den Umgebungsraum projiziert, gibt es vermutlich Zusammenhänge zwischen dem Ektropie-Tensor-Feld, dem gravitativen Ricci-Tensor und dem Higgs-Feld. Oder es handelt sich um die drei Facetten eines einzigen mathematischen Objektes zur Beschreibung vakmosphärischer Gebilde mitsamt ihrer Wechselwirkungen innerhalb des vakliquiden Kosmos.

Die Dimension ektropischer Anschauungsweisen lässt sich erahnen, wenn man lebende Materie oder ganz bestimmte Aspekte der lebenden Materie beschreiben möchte. Es geht hier beispielsweise um die Abstraktionsebene des Zusammenhalts lebender biologischer Zellen. Vielzellige Organismen wachsen und teilen sich koordiniert um des Zusammenbleibens willen. Einzellige Lebewesen teilen sich häufig nur, was im Gegensatz zu den Mehrzellern Fortpflanzung und Wachstum in sich vereint. Unabhängig davon, ob es den Ur-Einzeller oder eine Unzahl von verschiedenen ersten Einzellern gab, lassen sich die Myriaden einzelliger Organismen der heutigen Welt in eine Taxonomie mitsamt Abstammungsgeschichte einordnen. Die Mehrzeller sind eigentlich auch nur Einzeller, die irgendwann beisammengeblieben sind und damit eine bessere Überlebenschance besaßen als die, die getrennt weiterfochten. Wir erlauben uns nun auch einen abstrakten Blick in die Zukunft, an den wir aber so nicht glauben werden. Wenn es die Umwelt gestattete, würden kompakte Riesen-Unzahl-Zeller entstehen. Nach oben wäre ihre Gesamtgröße theoretisch unbegrenzt. In praxi weiß jeder Biologe, dass die Energieversorgung solcher Ungetüme bald an natürliche Grenzen stößt. Was aber ist, wenn das Leben auf der

Erde seit seiner Entstehung als Gesamtheit betrachtet einen einzigen, nur auf der Erde vorkommenden Mehrzeller darstellt, der weiterhin wie seit seiner evolutionären Entstehung Ektropie anhäuft, indem er immer komplexer wird? Alles, was lebt, was wie die Viren zeitweilig vom Leben mitgerissen wird und alle Interaktionen zwischen allen zählen dazu. Die Umwelt eines Himmelskörpers, einer Galaxis oder eines Raumzeitsegmentes gewährt möglicherweise eine maximal mögliche Ektropiesumme für die Existenz von Leben. Es ist auch nicht zu erwarten, dass die Ektropie allen Lebens beständig ansteigt. Nimmt die Umwelt ihre Möglichkeiten zurück, ereignen sich planetenweite Massensterben, abstrahierbar als Ektropie-Abnahme.

Beim Blick zurück in der Zeit fragt man sich, womit wir es heute zu tun haben, mit Billiarden von einzelnen einzelligen Mikroorganismen oder eben mit einem gigantischen Vielzeller, dessen Zusammenhalt nicht darin besteht, dass seine Einzelzellen zusammengelagert fortexistieren, sondern ständig neue und gleiche sowie ähnliche Einzelkämpfer abgespalten werden? Das Prinzip des Lebens gestattet dieser bis heute überlebenden Mutter aller Einzeller, Lücken in der Armee sofort wieder aufzufüllen. Dabei können sich die einzelligen Lebewesen auch über Artgrenzen hinaus Informationen austauschen, um ihre Überlebenschancen zu verbessern. Im ewigen Drang hinein in neue Lebensräume attackieren sie natürlich auch mehrzellige Organismen, wie auch diese wiederum die Einzeller als Nahrungsquelle nutzen können. Auch das Zusammenleben von Einzellern in Lebensgemeinschaften innerhalb mehrzelliger Organismen bietet einen weiteren Ansatz zu wiederum anderen Ektropie-Betrachtungen. Die Vielfalt ist gewaltig. Es ist jedoch zu erwarten, dass funktionierende Zusammenspieler im biologischen Mit- und Gegeneinander konkrete Größen der Ektropiesumme für ihr Überleben einhalten müssen.

Die vorliegenden En- und Ektropiebetrachtungen münden im Konformationenmodell auch beim Lokalitäts-Problem, welches sich hierin mit seinen dialektischen Polen der **Lokalität und Nichtlokalität** veranschaulichen läßt. Wenn man beiden Lokalitäts-Begriffen reelle Werte von Null in einer mathematischen Singularität bis 1 als Ausdruck für theoretische Delokalität zuweist, beträgt deren Summe stets 1 oder 100%. Pure lokale oder nichtlokale Ereignisse gibt es nicht. Läßt man die Entropie eines definierten Systems einem nicht überschreitbaren maximalen Grenzwert zustreben, nähert sich die Lokalität jedes beliebigen raumzeitlichen Prozesses innerhalb jenes Systems in indirekter Proportionalität dem Wert 1 an. Je kleiner und abgeschlossener und je stärker die Energiefluktuation, also einmaliger nun ein solches System ist, umso höher ist sein Grad der Lokalität im Vergleich mit der Umgebung zu einem gleichfalls angehörenden System höherer Hierarchie oder zu ähnlichen Nachbarsystemen. Hohe Entropie erzeugt hohe Nichtlokalität. Hohe Ektropie ermöglicht höhere Grade an Lokalität. Während bei Fokussierung auf ein relativ unbewegtes lokales Ereignis bis hin zu einer durch die Quantendynamik begrenzenden Unschärfe der mathematischen Beschreibbarkeit beide Wesenheiten indirekt proportional verknüpft sind, nähert sich der Grad der Nichtlokalität eines Systems bei Annäherung an seine maximale Relativgeschwindigkeit dem Grenzwert 1 an und verliert zunehmend lokale Eigenschaften. Ein Vordringen zu Nichtlokalitäten über dem Wert 1 erfordern Überlichtgeschwindigkeit im kosmischen Vakuum. In der physikalischen Realität spaltet sich ein solches System in Tochtersysteme auf, die keinen Zusammenhang miteinander mehr haben. Im Falle eines expandierenden Universoides überschreitet der Grad der Nichtlokalität in jener Raumzeit-Entfernung zum Beobachter überall dort den Wert von 1, wo die Fluchtgeschwindigkeiten der kosmischen Enklustermassen die Vakuumlichtgeschwindigkeiten erreichen. Orte jenseits dieses

Fluchthorizontes sind so hochgradig nichtlokal, dass sie delokal genannt werden können, also unerreichbar und rückkopplungsfrei ganz woanders sind. Im anderen Extrem ist höchste Lokalität für einen Konformationsübergang in die energetisch niedrigere Konformation laut Modell erste Voraussetzung.

Um die Eigenart unseres zeitgenössischen Universums im Modell der verschiedenen Konformationen noch besser zu verstehen, seien didaktisch zunächst alle 16 verschiedenen Möglichkeiten denkbarer Universen genannt, die aus nur zwei verschiedenen Konformationen aufgebaut sind. Eine der vier Konformationen stellt die Enkluster, eine andere die Einbettung, das All. Für deren übersichtliche Darstellung eignet sich eine 16-Felder-Tafel am besten. Ein Zettel ist schnell bei der Hand, um eine Tabelle aus vier Zeilen und vier Spalten zu skizzieren. Im Tabellenkopf finden sich die Bezeichnungen der 4 Spalten A, B, C und D von links nach rechts für die einbettende Patrixkonformation, ganz links neben der Spalte A die Zeilen 1 bis 4 von oben nach unten für die eingebettete Patrix, die Enkluster. Jedes Feld dieser 4 × 4-Matrix steht für ein mögliches Universum. Ändert sich also die umhüllende Konformation des Vakuums durch einen Phasenübergang oder Konformationsübergang, wandert das Universum in dieser Darstellung in das entsprechende Nachbarfeld.

Die einbettende Konformation erlaubt durch ihre raumzeitliche Ausdehnung alle nichtlokalen Phänomene. Die in ihr angesammelten Enkluster der eingebetteten Konformation sind die Inseln im Raumzeitstrom, die erst durch unseren Bezug sowie Zuordnung auf sie in tatsächlichen, näherungsweise vorhandenen oder angenommenen Systemen eine Lokalität erlauben, wobei es nach dem Relativitätsprinzip viele gleichberechtige Lokalitäten gibt. Der Grad der Lokalität ist also zum einen durch die raum- und mengenmäßigen Verhältnisse zweier koexistierender Konformationen gegeben, zum anderen auch durch die Menge involvierter, lokal projizierbarer Prozesse. Einmalige Strukturen aus Enklustern sind absolut lokal. Sie lassen sich nicht in andere Bezugssysteme transformieren. Je mehr Transformationen mit einem System möglich sind und je mehr gleiche oder ähnliche Systeme existieren, desto größer wird ihre potentielle Nichtlokalität. In der Summe verstärkt die Nichtlokalität aller Enkluster auf diese Weise die bereits vorhandenen nichtlokalen Möglichkeiten der Einbettungspatrix.

Sind die Kombinationen aus zwei Konformationen so angeordnet, lassen sich drei Gruppen an Universen unterscheiden. Dem Schema folgend sind entlang der Diagonale von links oben nach rechts unten jeweils in der ersten Gruppe die Kombinationen aus zwei gleichen Konformationen dargestellt. Da echte Grenzmembranen nicht vorkommen, gleichen sich die Energiegehalte aller Bereiche beständig aus und werden besser als konformatorisch einheitliche Universen mit einem Energiegradienten aufgefasst. Es ist denkbar, dass solch ein Energieaustausch in riesigen, auch in sich strömenden Zellen des Alls vorkommt.

Die folgenden Kombinationen der zweiten Gruppe von Phasen möglicher Universen aus zwei Konformationen umfassen die, die durch einen einzigen Konformationsübergang voneinander getrennt sind. Oberhalb der Diagonalen befinden sich die drei möglichen Universen, bei denen die niedrigenergetischere Konformation eingebettet ist, unterhalb der Diagonalen die drei, bei denen die niedrigenergetischere Konformation die andere einbettet, wovon eines unser heutiges Universum B3 ist, welches uns wahrscheinlich Billiarden von Billiarden an Lichtjahren umgibt.

Es folgen in der dritten Gruppe die theoretisch möglichen Kombinationen aus zwei Konformationen, die durch zwei oder drei Konformationsübergänge voneinander getrennt sind und zugegebenermaßen sehr exotisch erscheinen. Es ist anzuehmen, dass diese Universen so gar nicht vorkommen können. Vielmehr erzeugt der sofort eintretende Energieaustausch zwischen beiden Konformationen eine einzige Konformation oder energetisch nebeneinanderliegende wie oben in Gruppe 2 beschrieben.

Um an die für das Verständnis ausreichende 16-Felder-Tafel aller Kombinationen der Universen aus zwei Konformationen anzuknüpfen, lassen sich alle möglichen verschachtelten Kombinationen der Universen aus drei Konformationen anschaulich auch in einem 64-Würfel-Kubus darstellen. Modelliert man theoretisch weiter, sind in einem analogen 256-Hyper-Würfel im Vierraum, dem Tesserakt, alle Möglichkeiten von Universen, die aus allen vier Konformationen bestehen, untergebracht. Würden 5 und mehr Konformationen einbezogen, entzieht sich die Vorstellung eines Hyper-Hyper-Würfels oder sogar Dreimal-Hyper-Würfels langsam der Vorstellungskraft. Die mathematische Erfassung ist unproblematisch, wenn man das Korsett der Würfelei verlässt und Alles in Matrizen unterbringt. Abhängig von der gewählten Anzahl der verschiedenen Konformationen erhält man Tupel für jede denkbare Kombination an Konformationen in einem mathematischen Universum.

Im einfachsten 4-mal-4-Schema setzt ein Urknall, wie beispielsweise im Standard-Modell der Kosmologie, in D4 ein. Eine weitere expansive Abkühlung, besser Energieverdünnung, lässt es in C3 ankommen. Davor jedoch gibt es zwei mögliche Umwege, wenn sich nämlich Enkluster im Vakma formieren können. Falls sich niederenergetischere vakmospärische auskondensieren lassen, rückt das Universum in D3. Nehmen jene Enkluster weiter an Volumen zu, springt die Qualität der einbettenden Konformation in einem Phasenübergang in das energiedünnere Vakmosphäruum um. Im Schema wandert das Universum über die Diagonale in das Feld C4. Dieser Weg folgt einem Konformationsübergang, der sich allmählich anbahnt. Der zweite und direkte Weg von D4 in C4 folgt einem plötzlichem Konformationswechsel und friert Reste des Vakmas in Form mehr oder weniger stabiler Vakmatischer Enkluster viel plötzlicher als auf dem erstgenannten Weg aus. Werden jene Enkluster von nun an von jeglicher Wechselwirkung ausgeschlossen, verbleiben sie unbehelligt wie Fossilien in ihrer Ursprungs-Konformation und treten selbst nicht mehr in Erscheinung. Prominenteste Vertreter dieser Art könnten die Up- und Down-Quarks in Protonen und Neutronen sein.

Bei fortgesetzter Expansion des Universoids erreicht es kurz C3, um von dort entweder mit Phasenwechsel über C2 oder sogleich mit direktem Konformationsübergang in B3 als eines wie unser heutiges Universum einzutreffen.

Die weitere Expansion endet schematisch über B2 und B1 in A2. In diesem Universum A2 schmelzen sich hypothetische vakliquide Enkluster ihren Weg innerhalb einer quantenstarren Patrix frei. Zerfallen die letzten Enkluster in jener Welt, kommt alles in A1 zur absoluten Ruhe, in der selbst unsere Nullpunktsenergie wegverdünnt wurde. Diese Ankunft in A1 ist mit einem entscheidenden Widerspruch versehen. Dieses Universum ist bei einer minimal möglichen Energiedichte infolge räumlicher Verdünnung derselben angekommen. Seine vaksolide Patrix enthält nur noch die strukturinhärente Innere Energie. Dies allerdings lässt sie räumlich implodieren, was logisch einer Energieverdichtung gleichkommt. An dieser Energieschwelle angekommen und mit dem Vaksoliduum als modellhaft höchstkompakter Patrix operierend, ist jede weitere Absenkung der lokalen Gesamtenergiedichte mit einem raumzeitlichen deflationären Verschwinden nicht nur der Raummetrik, sondern der Raumzeit an sich durch Kompaktifizierung verbunden. Ein derart unterthermisch unterkühlter Raum verschwindet in einer Raumzeitmetrik, wie man sie gewohnt ist, einfach in sich selbst. Seine Überbleibsel verrieten sich lediglich durch eine negative Massenwirkung.

Man wird bei diesen unterkühlten Überlegungen unweigerlich an den 3. Hauptsatz der Thermodynamik herangeführt. Was in der stofflichen Welt der Aggregatzustände wie die exotische unterste Grenze thermodynamischer Möglichkeiten anmutet, stellt sich im Konformationen-Modell ganz zwanglos als ein ganzes mögliches Universum dar. Falls es diese Nanoenergiewelten irgendwo gibt oder falls diese eines Tages erschaffbar würden, hätten Lebewesen wie wir auf diese unterkühlten Kosmen eine Wirkung, wie wenn strahlende Sonnen auf uns einwirken würden.

Falls die Patrix bei unvorstellbar hoher lokaler Energiedichte in Form des hypothetischen und äußerst spekulativen Hypervakmas vorkommen kann, setzt die Expansion eines Universoids natürlich in E5 ein. Hierfür muss das Felder-Schema auf eine 5 × 5 – Matrix erweitert werden. Von E5 aus folgt sie auf dem gewohnten Wege auf das Feld D5, mit der Möglichkeit, dieses Feld über den Umweg E4 zu erreichen, bis es bei weiterer Expansion in D4 ankommt.

Diesem darstellenden Schema folgend, wird ersichtlich, dass ein Universum unterschiedlich lange in einem Feld verweilen wird, wenn eine kontinuierliche Verdünnung der Energiedichte angenommen wird. Wie die Sterne scheinbar entlang der Hauptreihe im Hertzsprung-Russel-Diagramm wandern, dabei auch kurzzeitig Seitensprünge und Seitenschleifen vollführen können, deren prominentestes Ergebnis der keulenförmige Riesenast ist, ordnen sich viele expandierende Universoide hier im Felderschema mit langer Verweilzeit unterhalb der Diagonalen in den Quadraten D5, C4, B3 und A2 an. Wir sitzen mitten in einem B3-Universum gefangen, bestehen ja selbst aus dem gleichen Stoff und müssen annehmen, dass unsere Nachbar-Universen ähnlich oder gleich aufgebaut sind. Laut Konformationen-Modell ist jedes Meson, mehr noch jedes Baryon ein selbständiges C4-Universum. Irgendwo in irrationaler Ferne wird es eine Begrenzung unseres Alls oder aller Alle wie unseres B3-Universoides zur energieverdünnteren Seite hin geben, hinter der die Energiedichte das Nachbarfeld A2 des Schemas erzwingt.

Stellt man sich den Kosmos als ein Kontinuum benachbarter Universoide vor, reichen kosmosweit vagabundierende Energiefronten aus, alle Universen in periodischen Abständen je nach der in der Welle versammelten Energiemenge zu expandieren, so dass sie sich nach Durchlauf der Front wieder zusammenziehen. Eine derartige Vorstellung ließe unser Universum lediglich in den Feldern B3, B2, C2 und C3 kreisen.

Nur infolge quantenfluktuationsartigen, statistisch möglichen Energieverschiebungen, an denen mehrere benachbarte, wenn nicht gar Universoide in sehr großer Zahl beteiligt sind, ereignen sich sowohl extreme Verdichtungen als auch Verdünnungen in nur einem einzigen Universum, dass dieses in der Felderdarstellung entweder zum Startfeld für ein Urknall-Szenarium katapultiert wird oder im anderen Extrem implodierend Platz für die Umgebungs-Universoide macht. Im letzteren Fall verschwindet das Universoid einfach und sein Rest geht in den einwandernden Nachbar-Universen auf.

Betrachtet man ein definiertes Volumen an einbettender Patrix, wird eine Energiebilanz von Null auf zwei Wegen erreicht. Entweder es erreicht keinerlei Energie oder verläßt keinerlei Energie diesen Patrixbereich, oder der Energieimport ist dem- export gleich wie in einem dynamischen Gleichgewicht. Im letzteren Fall können gewaltige Energiemengen durch die Patrix strömen, ohne dass deren Eigenschaften wesentlich verändert werden.

Treffen diese Energiemengen auf Enkluster, die für diese Energien geeignete Absorptionsfenster aufweisen, endet der Energiestrom dort vorübergehend und verändert die ausgeglichene Energiebilanz.

Die Allgemeine Relativitätstheorie erlaubt den Lense-Thirring-Effekt, wonach die Geometrie der Raumzeit in der Nähe entsprechend großer rotierender Massen so verzerrt wird, dass der Eindruck entsteht, das scheinbar unbewegte einbettende kosmische Umgebungsvakuum mit seiner Raumzeitstruktur wird umso mehr mitgerissen, je näher es sich der Masseoberfläche bzw. seinem Schwerezentrum befindet. Im hier skizzierten Modell darf Vakliquiduum, welches sich zwischen vakmosphärischen Strukturen zwangsläufig aufhält, den Bewegungen seines anderskonformatorischen Käfigs ebenso folgen. Eine einigermaßen gleichmäßige Rotation eines Planeten beispielsweise versetzt bei genügend langer Dauer auch das belegte Volumen Vakuum in eine Rotation. Das Modell vermag jedoch nicht zu klären, wie konform diese Rotation aussehen wird, ob ständig ein Schlupf zwischen strukturierten Enklustern und umschlossenem Vakliquiduum bleibt oder ob allmählich die gesamte enklusterbelegte vakliquide Kugel mitrotiert. Sowohl dieses vorliegende Modell als auch die Allgemeine Relativitätstheorie sagen immerhin eine Korotation an der Oberfläche einer großen dichten Massekugel voraus. Die Messbarkeit jenes Mitreißens der Raumzeitmetrik steigt mit der Rotationsgeschwindigkeit der Masse und der Dichte des rotierenden Objektes. Laut Konformationen-Modell wird sich unter Berücksichtigung einer Rotation einer kugelähnlich zusammengelagerten Enkluster-Unmenge in einem vergleichsweise suprafüssigen raumfüllenden Medium in ebendiesem Medium im Falle einer partiellen Korotation zumindest ein postulierter, mitbewegter Torus aus Vakliquiduum entlang des Rotationsäquators formieren.

Pure Phantasie verschmäht an dieser Stelle die bildhafte Abbildung der beiden sich durchdringenden Topologien eines Torus und einer Kugel und folgt stattdessen der hiesigen Anleitung, wie man sich das Ganze räumlich und raumzeiträumlich vorzustellen hat. Einfach ist es, sich eine drehende Kugel vorzustellen. Je nach Dichte, stofflicher Zusammensetzung und spinartiger Eigendrehung ist diese Kugel sogar an den Polen entsprechend abgeplattet, also ein Rotoid. Alle Eigenschaften jener kugelähnlichen Zusammenlagerung vakliquider Enkluster mit in der Mikrowelt vergleichsweise riesigen oder auch sehr engen Zwischenräumen untereinander wie bei entarteter Neutronenpakkung, in denen sich das vakliquide Quantenvakuum aufhält, in das alle Enkluster gleichsam wie eingetaucht strömen, haben in der Summe ein vom Abstand der Kugelmitte oder Kugeloberfläche sowie vom Breitengrad abhängiges Mitnahmevermögen für das umschlossene Vakliquiduum, wahlweise auch als Impulsübertragungsvermögen auf die vakliquide Patrix bennenbar.

Bei einer zu geringen Rotation sind die Relativgeschwindigkeiten aller Enkluster zu klein, um das supraflüssige Vakliquiduum mitzureißen. Da entlang des Rotationsäquators einer Kugel die Relativgeschwindigkeit zu einem gegenüber der Rotationsachse in Ruhe befindlichen System am größten ist, beginnt ab einer postulierten Sprunggeschwindigkeit zuerst die Mitrotation einer äquatoranliegenden Zone. Diese Zone verbreitert sich mit zunehmender Rotationsgeschwindigkeit sowohl in die Tiefe der Kugel als auch hin zu den Polen. Insgesamt ähnelt dieses gürtelförmige Raumsegment einem Torus. Sein Querschnitt allerdings ist nur im Sonderfall ideal kreisrund. Vielmehr wird jener elliptisch oder von halbmondartigen Kurven begrenzt sein, und außerhalb der Kugeloberfläche nur einen enganliegenden Saum zum Gesamtquerschnitt beisteuern. Und eben jener Saum auf der Kugel scheidet dieses Modell von den übrigen Theorien. Zwischen den beiden Breitengraden, wo der mitrotierende Torus die Kugeloberfläche nach außen durchdringt, steigt die Schichtdikke des aufliegenden Saumes an mitrotierendem Vakliquiduum zum Äquator hin nichtlinear an. Der Torusquerschnitt ist demzufolge zusammengesetzt aus dem mehr runden, ellipsoiden Teil unterhalb der Kugeloberfläche und dem durch eingezogene Hyperbeln begrenzten Teil oberhalb dieser. Räumlich dargestellt verjüngt sich der Torus außerhalb der Kugeloberfläche exakt in der Äquatorebene zu einer immer dünner werdenden Scheibe.

Im Zentrum der Kugel wiederum ist es nicht die Umlaufgeschwindigkeit wie am Äquator, sondern die zum Mittelpunkt hin zunehmende Dichte der Enkluster, die das nunmehr stärker eingeschlossene Vakliquiduum zur Mitrotation zwingt. Hierbei genügen im Vergleich geringere Relativgeschwindigkeiten. Die dichte Zentralregion reißt demzufolge eher einen kugelförmigen Bereich inmitten der Kugel mit.

Ebenfalls möglich ist die Mitrotation einer vakliquiden Kugelschale innerhalb des kugeligen kosmischen Objektes, wenn beispielsweise nur in speziellen Enkluster-Materialien der Mitnahme-Effekt wirksam wird.

Schließlich können sich mehrere unabhängig entstandene, mitgerissene vakliquide Bereiche herausbilden, deren ursprügliche Gestalten als Torus, Kugel, Kugelschale oder gar Kugelsegment sich überlappen. Mehrere gleichgestaltete Zonen in unterschiedlichen Tiefen, d.h. Schalen der Himmelskörper, können gleichfalls vorkommen. Der Variantenreichtum wird noch gesteigert, wenn die gegenseitig sich durchdringenden vakliquiden Rotationskörper zusätzlich verschiedene Rotationsgeschwindigkeiten haben.

Kehren wir zum einfachsten Fall zurück. In einer gürtelartigen Zone zwischen jenen Breitengraden, auf denen sich Torusoberfläche und Kugeloberfläche schneiden, wird demzufolge das angrenzende Vakliquiduum der Rotation des Himmelskörpers, ob Mond, Planet, Stern, Kugelsternhaufen, Galaxis, Galaxishaufen oder -superhaufen folgen. Diese Mitrotation geht allmählich und möglicherweise ohne Quanten-Reibungsverluste in das angrenzende unbewegte oder in anderer Weise relativ bewegte Vakuum über. Die Rotations-Differenz ist um so geringer, je näher man sich innerhalb des genannten Gürtels der Oberfläche eines Himmelkörpers befindet, je dichter dieser ist, und vor allem, je näher man sich am Äquator befindet. Entlang des Rotations-Äquators verläuft ein Grat, innerhalb dessen der konformationsbedingt modifizierte Lense-Thirring-Effekt ein herausgehobenes Maximum besitzt. Diese letzte Aussage nach dem Konformationen-Modell weicht von der Voraussage nach der Allgemeinen Relativitätstheorie ab. Dort entscheidet allein die Relativgeschwindigkeit zwischen Oberfläche des kosmischen Objektes und dem als ruhend angenommenem kosmischen Vakuum über die Verzerrung der Raumzeit-Geometrie. Eine rein relativistsische Lense-Thirring-Verzerrung würde bei Null am Rotationspol beginnend kontinuierlich bis zum Äquator anwachsen. Ein Experiment, welches die Kontinuität der Raumzeitdeformation entlang eines halben Längengrades eines genügend großen Planeten, Sternes, Neutronensternes oder Galaxisbulges überprüft, könnte entscheiden, ob Modell oder eine der Relativitätstheorien wahrhafter ist. Es ist anzunehmen, dass die geschilderten Unterschiede in der Raumzeitmetrik, falls sie vorhanden sind, erst an ziemlich großen und schnell rotierenden kosmischen Objekten nachweisbar sind.

Energetisch betrachtet, spielt sich im vorgeschlagenen Modell die gesamte Physik unseres als Lebewesen erleb- und beobachtbaren Universums im Bereich unzähliger Grenzmembranen des in beide Richtungen möglichen Konformationsüberganges zwischen Vakliquiduum und Vakmosphäruum ab. Das uns umgebende Quantenvakuum des Kosmos in Reinform ist im vorliegenden Modell das Vakliquiduum, ein quantendynamisch flüssiges Medium, ein quantendynamischer Äther, weit entfernt, eine Flüssigkeit zu sein, bei gewohnten Wechselwirkungsprozessen wie ein leerer Raum anmutend, auf Quantenstrukturebene jedoch quantensupraflüssig. Es bleibt experimentell zu klären, ob das Vakliquiduum in unmittelbarer Nähe zu vakmosphärischen Strukturen selbst zähflüssiger oder quantenklebriger wird, oder ob letzteres bereits Eigenschaften miteinander wechselwirkender Enkluster des Vakmosphäruums sind.

Außerhalb von Mesonen oder Baryonen wurden nie Quarks beobachtet. Dies bedeutet modellkonform, dass es Vakma direkt eingeschlossen im Vakliquiduum nicht gibt. Eine Einbettung eines Enklusters muss zwingend immer eine energetische Nachbar-Konformation sein. Gerät ein Vakmatischer Enkluster also direkt in einen Raum mit vakliquider Patrix, so geht dieser Enkluster in die vakmosphärische Konformation über, oder die vakliquide Einbettung wird zu einer vakmosphärischen Hülle um den Enkluster eingeschmolzen.

Sowohl in der vakliquiden als auch in der vakmosphärischen Patrix lässt sich die Struktur dipolarisieren. Dies ist die Grundvoraussetzung für eine Orientierung in zwei ladungsverschiedene oder magnetisiert ausgerichtete oder materiell-antimateriell gegensätzliche Eigenschaften sowie nach raumzeitlichen Gradienten der Kraftwirkung von Gravitation, Schwacher und Starker Kernkraft. In den Energiebereichen der vakmosphärischen Konformation besitzt die Patrix zusätzlich hierzu die Fähigkeit zur Tripolarisation in die Farbladungen entsprechend der Quantenchromodynamik. Antifarbladungen schlagen die energetischen Brücken zur Antimaterie, die vielleicht nur hilfsweise Ordnung der Quarks in drei Familien verknüpfen sie mit der Schwachen Kernkraft und der Gravitation. In den Energie-Überschneidungs-Zonen aus tripolarer und dipolarer Patrix existieren Phänomene, die nur mit der hybriden Fähigkeit der beide Konformationen verbindenden Fluktuations-Energie erklärbar ist. Die vakliquid-vakmosphärischen Oszillationen der Energie optimieren sich sowohl innerhalb der Quanten des Vakliquiduums als auch nach den Chromoquanten des Vakmosphäruums. Es ist anzunehmen, dass bei dieser beständigen Umwandlung von Energiepaketen zwischen zwei- und dreipoliger Physik enorme Zeitverzögerungen und regelrechte Zeitstaus vorkommen können. Eben an diesen modellgebundenen Barrieren einer ungehinderten Energie-Fluktuation liest sich unser Kosmos beständig so aus, wie er ist. Je stabiler ein vakmosphärischer Enkluster ist oder Verbindungen aus diesen sind, desto harmonischer oszillieren Zwei- und Dreifaltigkeit der Fluktuationsenergie. Zerfall und Rekombination befinden sich ohne ein Quäntchen Energieverlust im Gleichgewicht und aufgrund der Heisenbergschen Unschärfe am gleichen Ort. Die Zeit oszilliert innerhalb des Enklusters gleichsam vor und zurück.

In Analogie zu unserer Grenzflächenwelt lassen sich an den übrigen energetischen Bändern genau zwischen zwei benachbarten Konformationen physische Welten vermuten, zu denen wir Lebewesen nur mit einer um andere Konformationen ergänzten Technologie vordringen können.

Wagt man eine Vorausschau auf die beiden übrigen Konformationen, so sollte man sich an die folgende Spekulation anlehnen, bis exakte Messergebnisse vorliegen. Das Vakliquiduum ist in mehreren Eigenschaften dipolisierbar. Das Vakmosphäruum lässt sich in wenigstens einer Eigenschaft entdreien, in übrigen wahrscheinlich auch nur entzweien, wenn dies nicht vakliquide Überlagerungen sind. Eine Systematik im Konformationen-Modell vorausgesetzt, ist das Vaksoliduum in mindestens einer grundlegenden energetischen Eigenschaft nicht polarisierbar. Es bestünde in einer Hinsicht ausschließlich aus Monopolen. Das Vakma wiederum verfügte über Felder, die sich an vier Extremen ausrichten. Diese Quadrupol-Quantendynamik birgt in sich zwei Dipol-Systeme. Es könnte genausogut eine um eine oder sogar um mehrere Farbladungen erweiterte Vakmatische Chromodynamik besitzen.

Im postulierten Vaksoliduum könnten sich neutrinoartige Quanten oder phononengleiche Bereiche des Patrixgerüstes mit Überlichtgeschwindigkeit fortbewegen. Diese Überlegung ist deswegen beachtenswert, weil immerhin die Möglichkeit besteht, dass das Vakliquiduum bei 2,7 Kelvin in sich Patrix-Cluster der energieärmeren Konformation Vaksoliduum wie Kristall-Keime in einer Lösung enthalten könnte, die eine Spin-Kopplung innerhalb bestimmter Schalen in räumlichen Wahrscheinlichkeits-Wellen aufrechterhalten. Vermutlich ist Spin-Kopplung in stärkster Ausprägung eine der Haupteigenschaften des Vaksoliduums. Im Vakliquiduum kommen andere, für Lebewesen prominentere Eigenschaften dazu und verdecken dieses Charakteristikum. Nur bei den Phänomenen der Verschränkung würde diese Eigenschaft vakliquider und vaksolider Patrix der quasiaugenblicklichen Wechselwirkung offenbar werden. Diese postulierten Patrix-Cluster mit vaksolider Struktur sind eher virtuelle Gebilde, weil im Vaksoliduum Vakuum-Oszillationen mit noch viel höheren Frequenzen als im vakliquiden Quantenvakuum möglich erscheinen. In der Schmelze eines Vakliquiduums gelingt eine jede Wechselwirkung nur ein einziges Mal auf einem exakten Pfad, der mit beweglichen Strukturquanten unbekannter Natur gepflastert ist. Bereits das unmittelbar folgende Wechselwirkungsereignis hüpft über andere Bretter im Fluss zum anderen Ufer.

Das Konformationen-Modell erlaubt die anschauliche Beschreibung quantendynamischer Vorgänge sowohl mit Hilfe der Wellendynamik als auch der Quantendynamik, ohne dass sich beide ausschließen. Es erlaubt sogar eine konfliktfreie Synthese beider Beschreibungen, wobei entschieden werden muss, in welcher Konformation der abstrakte Beobachter verweilt und ob Enkluster oder einbettende Konformation oder beides beschrieben wird, denn der reale Beobachter wird bei quantenphysikalischen Prozessen automatisch zum Bestandteil des gesamten Versuchs- oder Erlebnissystems.

Prinzipiell vereint ein Enkluster durch die Möglichkeit seiner sphärischen Fokussierung und Einbettung in eine andere Konformation die Eigenschaften zweier beteiligter Konformationen der Patrix gleichzeitig auf sich. Entscheidend dafür, welche Eigenschaften bei der Beobachtung eines Enklusters überwiegen oder am wahrscheinlichsten wahrgenommen werden können, ist wie immer neben der Relativgeschwindigkeit des Beobachters zum Enkluster die Relativgeschwindigkeit des Enklusters in der einbettenden Patrix. Ruht der Enkluster in der Patrix, überwiegen die lokalen Phänomene der Enklusterkonformation, je näher man dem Enkluster kommt, um im Inneren des Enklusters ihre höchste Ausprägung zu erlangen. Nähert sich der Enkluster der maximal möglichen Geschwindigkeit innerhalb seiner einbettenden Patrix und verliert er infolgedessen seine lokalisierbare Topografie darin, lassen sich mehr und mehr die Eigenschaften der einbettenden nichtlokalen Konformation erkennen. Bei Relativbewegungen mit Geschwindigkeiten zwischen diesen Extremen zeigt jeder Enkluster je nach Beobachtungsweise oder Energiebereich der Wechselwirkung **ein duales Verhalten** entsprechend der Möglichkeiten, die ihm seine Konformation und die einbettende Konformation verleihen. Somit verfügt ein energetisch nicht beeinflusster Einzelenkluster über maximal mögliche Partikeleigenschaften seiner lokalisierbaren Ruhemasse. Diese vermindern sich einerseits bei Annäherung an relativistische Geschwindigkeiten in der einbettenden Konformation und andererseits bei Zunahme der Anzahl bzw. Dichte der Enkluster in einem definierten Volumen der Einbettung ohne Lokalisation. Der Teilchencharakter wird ebenfalls umso geringer, je größer die Anzahl höherenergetischer Enkluster einen zunehmend kollektiv zu nennenden Bereich höherenergetischer Patrix bilden, der zwar noch von der niederenergetischen Patrix der Umgebungskonformation verdünnt wird, von letzterer aber keineswegs eine Zunahme des Teilchencharakters erfahren kann. Damit durchdringen sich zunehmend Bereiche mit sogenannten Welleneigenschaften mit einer geordneten Nichtlokalität, einerseits nämlich die einbettende niederenergetische Konformation mit ohnehin minimalstem Teilchencharakter und andererseits die am Gesamtvolumen zunehmende Konformation der höherenergetischen Enkluster mit verlorengehender Auflösbarkeit in individuelle Teilchen.

Zum dualen Verhalten kann auch die starke Abweichung des magnetischen Moments des Protons von seiner theoretischen Voraussage gezählt werden. Beim Proton zeigt sich, wie wichtig es ist, nicht nur die teilchenartige Abstraktion „Proton" zu betrachten. Zumindest im Hinblick auf die magnetischen Eigenschaften des Protons ist die vakliquide Einbettung vielleicht wichtiger als das Teilchen, die Wellen-Natur dominiert das Partikel. Bei Neutronen und Elektronen wiederum sind die Abweichungen der Messung von der Theorie sehr viel geringer. Der Teilchen-Charakter scheint zu überwiegen.

Man hat sich an die beiden Abstraktionen Teilchen und Welle gewöhnt, bemerkt jedoch in der Realität die dualen Eigenschaften. Dabei sind im Konformationen-Modell Welle und Partikel durch das Wabern der Fluktuationenergie vereinbar als ein untrennbares Konstrukt. Je nach Interaktion mit diesem Duo meldet sich die Energie von dort am häufigsten, wo sie auch mit höherer Wahrscheinlichkeit ist. Wenn wir also gewohnheitsmäßig an einen teilchenförmigen Quant denken, vielleicht in einer anschaulichen Modellwelt als Holzkugel herumreichbar gemacht, haben wir die Realität nur zu jenen Augenblicken abgebildet, in denen sie unserer Abstraktion von ihr am meisten entspricht. Andererseits bemühen wir Wellengleichungen zur Abbildung der Energieausbreitung, vergessen aber dabei deren erzeugende Strukturen. Auch hier gilt, dass der Sänger das Lied singt, das Lied allein gibt es nicht. Im hiesigen Modell lösen sich Teilchen und Welle auf in eine Interaktion zweier Konformationen. Zwei benachbarte Konformationen weisen der Fluktuationsenergie jeweils unterschiedliche Existenzräume zu. Die höherenergetische partikelähnliche Patrix erleichtert das Entkommen der Fluktuationsenergie in die niederenergetische einbettende kontinuumähnlichere Patrix. Der dort vierdimensional gekrümmte Umgebungsraum lässt sie sich entweder wellenförmig ausbreiten oder in ihre Ausgangs-Konformation zurückkehren. Stabile Elementarteilchen erhalten in dieser Energie-Oszillation ihren gesamten Export zurück. Instabile Partikel verlieren hierbei ihren Reimport an Fluktuations-Energie und das Teilchen zerstrahlt als Welle.

Entscheidend für die als Dualität zu bezeichnende Eigenschaft eines jeden Quants oder Enklusters ist das Verhältnis seiner Fluktuations-Energie zu seiner Inneren Energie einschließlich seiner Masse. Je größer dieses Verhältnis, je mehr also die Fluktuationsenergie relativ überwiegt, desto mehr neigt der Enkluster zur Oszillation in die einbettende Patrix. Im Ergebnis dessen steigt die Wahrscheinlichkeit, sein Energie-Äquivalent als wellenmechanische Anregung irgendwo im wahrscheinlichsten Aufenthaltsraum anzutreffen. Energie-Portionen nahe der Ruhemasse Null wie Photonen oder Neutrinos erscheinen demzufolge sehr ausgeprägt als Welle, weil sie vollständig ohne Teilchenrest in die Einbettungs-Patrix hineinoszillieren können. Jenes Fluktuieren gestaltet sich für leichte Atome und deren Kerne noch problemlos. Sie können sich noch gleichberechtigt sowohl als Welle als auch als Teilchen bewegen. Im Konformationen-Modell erlaubt ihnen ihre duale Natur Hindernisse aus vakmosphärischen Enklustern wie von Geisterhand zu durchdringen, da sich zumindest bei einigen, wenn nicht allen Quanten ihre gesamte Eigenenergie delokal in der energetisch angeregten vakliquiden Patrix auf vielen Pfaden entsprechend der Wellenmechanik fortbewegt. Zum Zeitpunkt, an dem die Oszillation einen lokalen Knoten besitzt, ließe sich eine Wechselwirkung mit der Teilchennatur des Quants abgreifen. Mit steigender Masse der Quanten wie in mittelschweren bis hin zu schwersten Atomen und Atomkernen verbleibt ab einer Schwellenmasse ein Energierest im Oszillations-Maximum, der immer als Teilchen wechselwirkt. In dem Maße, wie letztendlich thermodynamische Enklusterbewegungen die vakliquiden Oszillationen überdekken, verschwindet die Wellennatur eines Enkluster-Verbundes, um in unserer makroskopischen Erlebnis-Welt ohne Bedeutung zu sein.

Damit ist noch nicht geklärt, wie man sich einen Energie-Quanten vorzustellen hat. Laut Modell steht zunächst fest, dass es feste Murmeln oder hinwegplätschernde Wellenkreise auch nicht sind. Selbst ein Hybrid aus beiden Strukturen rückt der Wirklichkeit vielleicht ein Stückchen näher, ein genaues Abbild für unser Vorstellungsvermögen ist es immer noch nicht. Das Konformationen-Modell erlaubt ein neues und anderes Bild der Struktur von Quanten. Zwei benachbarte Konformationen lassen Energieströme zu, die beim oszillationsartigen Wechsel zwischen diesen unzählige Male zerhackt werden, so dass selbstoptimierte Energie-Portionen entstehen. Während die eine Konformation wie ein Trägermedium der Energie Raum für deren Ausbreitung bereitstellt, fängt die andere Konformation Energie als Quant oder als graduelle Energiedifferenz ein und versammelt alle Energie wie in einem Fokus. Anschaulich verteilt sich die Energiemenge zuerst und verläuft sich in der Raumzeit wie bei Ebbe, um wie in einer Raumzeit-Flut zu einem Treffen zurückzuströmen, so dass dort lokal die Illusion eines Materieteilchens hervorgerufen wird. Ganz gleich, womit man beginnt, bei Ebbe oder Flut, das Wabern der Energie ist unendlich. Schlussendlich darf man sich dieses Auf und Ab nicht nur nacheinander immer weiterlaufend vorstellen, sondern wie in der Quantendynamik gleichzeitig und überlagert, also als einen unendlichen Strom in sich, bei dem sich Ebbe und Flut gleichzeitig ereignen. Wenn man allerdings immer genauer hinschaut, hier kommt der Beobachter ins Spiel, flackert der scheinbar homogene Energiestrom, denn er wird ja ständig in kleinste Energie-Portiönchen zerhackt. Je genauer wir auflösen, desto stärker ruckelt die Energiebewegung. Allein die physikalische Beschaffenheit der beiden Patrix-Konformationen legt fest, mit welchen Wirkungs-Quanten sich der scheinbar homogene Energiefluss fortbewegt.

Erst bei Beschleunigung auch ziemlich großer Masseteilchen auf relativistische Geschwindigkeiten verschiebt sich das genannte Verhältnis der Energien zu Gunsten der Fluktuations-Energie und der Wellencharakter jener Projektile profiliert sich wieder, indem die durcheilte vakliquide Patrix grenzwertig deformiert wird.

Für die Beschreibung des Doppelspaltexperimentes im Konformationenmodell gibt es einige wichtige Ergänzungen. Die Brükke zwischen Teilchen-Passage beider optischer Spalte und den wellenartigen Interferenzen auf dem Abbildungs-Schirm stellt die beständige Oszillation der Photonen zwischen der Wesenheit eines winzigsten vakmosphärischen Masseteilchens ohne die Fähigkeit, einen dauerhaft stabilen Enkluster im Vakliquiduum zu versammeln, und andererseits der einer elektromagnetischen Anregung, also Deformation, der vakliquiden Patrix mit einer räumlichen Ausdehnung innerhalb eines Orbital-Raumes und einer Eigengeschwindigkeit, die im reinen Vakliquiduum die Lichtgeschwindigkeit c ist. Hat das Photon bei Spalt-Passage minimalen Teilchen-Charakter, wird es kein Bestandteil des Materials der Spaltumrandung. Es könnte hierin als Welle absorbiert werden oder auch wieder emittiert werden. Der Spalt könnte theoretisch in diesem Fall sogar verschlossen sein, die Welle tunnelte durch das Material auf die andere Seite. Anders verhält es sich, wenn der Teilchen-Charakter des Photons überwiegt. Es könnte schnurgerade durch den Spalt gelangen. Die Wahrscheinlichkeit ist jedoch hoch, bei der Spalt-Passage von der Flugbahn abgelenkt, also gestreut zu werden. Durch die permanenten Oszillationen aller Photonen interferieren die vielen Photonen auf ihrem Weiterflug. Diese Photon-Photon-Interaktion würde wegfallen, wenn exakt immer nur 1 Photon auf den Doppelspalt gerichtet werden würde. Sequentielle Einphoton-Schüsse würden im Vergleich zu ganzen Lichtbündel-Blitzen ein schärferes Streubild ergeben, am Ergebnis ändert dies nichts.

Konformations-Übergänge können auch sehr hilfreich bei einer utopisch anmutenden Fortbewegung im All werden, wenn man sie dazu benutzt, die Raumzeitstruktur dipolartig zu verzerren. Bekannt ist die Vorstellung, ein Raumschiff dadurch relativ im kosmischen Vakuum vorwärts zu bewegen, indem die Raumzeit-Struktur in Bewegungsrichtung gravitativ verdichtet und die entgegengesetzte Richtung gravitativ verdünnt wird. Das Raumschiff steigt dann kontrolliert entlang der Weltlinien im vierdimensionalen Raumzeitraum aufwärts. Im Konformationen-Modell ist eine technische Vorrichtung voraussagbar, die von einem genügend weit entfernten Punkt hinter einem Raumzeitschiff in einem patrixabgeschirmten Rohr aus zukünftigen Materialien

Patrixenergie vermutlich in Form überdichter Neutrino-Bündel oder Gluonen-Pakete, dichter Strahlung oder Teilchenströme zu einem weit genug vor dem Schiff liegenden Punkt transportiert, so dass das Vakliquiduum im Vorauspunkt in das Vakmosphäruum, im Hintenauspunkt dagegen in das Vaksoliduum übergeht. Zwischen beiden Punkten deformiert sich die Patrix spindelförmig und das Raumzeitgefährt samt seiner Umgebung schwebt relativ dem Vorauspunkt hinterher, der in technischer Vollendung nicht einholbar vorauseilt. Selbst wenn es ein Vaksoliduum gar nicht gibt, verändert der Energieentzug hinter dem Reisegefährt die Raumzeit-Geometrie des Vakliquiduums, dass Relativbewegungen möglich werden. Ein Beobachter im Raumschiff vermeint, die Reisekapsel bewegt sich in Wirklichkeit nicht von der Stelle. Ihre technische Ausrüstung veranlasst hingegen gewaltige vakliquide Patrixmengen diese scheinbar in einem erzwungenen Quanten-Gravitationsfeld, einer gezielt deformierten realen vierdimensionalen Raumzeit zu umströmen. Vor dem Raumzeitschiff wird Vakuum energetisch aufgeladen bzw. das gravitative Aufschlagziel ständig fortgerückt oder in größerer Entfernung neuerschaffen, dahinter wird Vakuumenergie abgepumpt bzw. alles getan, um antigravitativ wirksame Patrixveränderungen in Schubwirkung umzusetzen. Die Netto-Arbeit bei jener Fortbewegung lautet ganz einfach: Schaffe soviel als möglich vakmosphärische Enkluster nach vorn und bringe von dort soviel du kannst an Vakliquiduum wieder mit zurück und hinter dich, und falls möglich, beides zur gleichen Zeit. Der Wirkungsgrad deiner Arbeit steigt gewaltig, wenn zusätzlich bisher ungeschautes Vaksoliduum entgegen der gewünschten Fortbewegungsrichtung transportiert wird, denn dann kannst du dir die Schlepperei mit dem schwer zu fassenden Vakliquiduum sparen, weil es selbst nach hinten zu strömen beginnt. Gelänge dies alles in einem wurmlochartigen Kanal, kann man ganze Galaxienhaufen im weiten Kosmos auf Reise schicken.

Hier im Text angekommen, ist es wichtig, nun in das Wesen des Konformationen-Modelles eingetaucht zu sein. Modellhaft und wenn das Modell so stimmt, sind wir dies ohnehin. Jeder Mensch besteht aus etwa 100 Billionen oder 0,1 Billiarden Körperzellen, diese wiederum aus vielen Billionen Atomen. Jeder Atomkern wird von einer wabernden Oberflächen-Membran umgeben. Alle diese Oberflächen grenzen ein winziges vakmosphärisches Universum im Atomkern von einem riesigen, quasi-unendlichen vakliquiden Universum außerhalb dessen ab. Nicht weit oberhalb und unterhalb der Myriaden von Membranen flackern Energieumwandlungen als die Grundlage aller Bewegungen und des Lebens, der Abbildung von Materie auf Materie und des Bewusstseins als ein geordnetes und auf sich selbst gerichtetes Abbildungs-Verhalten. In unserem Modell besteht ein einzelner Mensch aus Billiarden einzelner, aber hierarchisch geordneter und ineinander verwachsener Universen, eingebettet schließlich in einem einzelnen, bis an die Grenzen der Vorstellung reichenden, riesigen Universum um uns herum, welches jeder dünkt, es sich vorstellen zu können.

Es folgt nun die Demontage einer zentralen Annahme fast aller kosmologischen Theorien und natürlich auch des bis hierher beschriebenen Modelles. Wir sind gewohnt zu denken, dass etwas Schweres stets nach unten fällt bzw. von dort angezogen wird. Auch in den Relativitätstheorien ziehen schwere Massen die Raumzeit um sich in einen vierdimensional beschreibbaren Raumzeittrichter. Sich nähernde Massen lenkt es nach unten in den Trichter. Gravitation zieht an, Antigravitation stößt ab. Es wird oft vergessen, dass in einer Allgemeinen Relativität die Spezielle Relativität eine angehaltene Videosequenz darstellt, damit sich alles leichter beschauen und ausrechnen lässt. Bei allgemeinrelativer Wirklichkeit bewegt sich Alles in Allem. Wo unten oder oben ist, war und ist Vereinbarungssache. Was bleibt, sind die sich gegenseitig beeinflussenden Massen mitsamt ihren Relativbewegungen. Die dynamische Kopplung der Massenbewegungen gelingt nur durch die Krümmung der Raumgeometrie einer vierdimensional gedachten Raumzeit.

Im Konformationenmodell bleiben die höherenergetischen Enkluster die massebehafteten Teilchen und gehorchen der Gravitation, indem sie sich gegenseitig scheinbar anziehen. In einem und dem uns umtreibenden, ganz bestimmten Spezialfall unseres Vakliquiduums mit seinen großräumigen Raumstrukturen unseres Alls wird mit dieser Anziehung untereinander gerechnet. Heraus kommt das gewaltige Massendefizit, in welches man die Dunklen Energie- und Masseformen hineinprojiziert. Eine der Erklärungshilfen für das Messedefizit war und ist die Kosmologische Konstante in den Feldgleichungen der Relativitätstheorie. Diese Konstante muss jedoch bei einigen Erklärungsversuchen sogar als eine skalenabhängige Variable angesehen werden, um die Genauigkeit der Berechungen zu erhöhen.

Um die Dunklen Energien und Massen nun loszuwerden, drehen wir die Wirkung der Gravitation um. Alles was schwer ist, schwebt von nun nach neuer Vereinbarung nach oben. Schwere Massen bleiben für uns deswegen schwer, weil alles Schwere nach wie vor laut Allgemeiner Relativität gegeneinander beschleunigte Massen sind. Wir vertauschen nur oben und unten. Schwere Massen beulen kein Raumzeit-Tal mehr aus, indem sie zusammenfließen, sie sind nunmehr Raumzeit-Gipfel und sammeln sich dort, wo bisher „nicht oben“ und „alt-unten“ war, nach neuer Anschauung ab sofort „neu-oben“ sowie „nicht neu-unten“ ist. Geht man der Frage nach, warum nun mit der neuen Sichtweise Massen nach oben gehoben werden, sollte man auch versuchen, die Frage zu beantworten, warum sie nach bisheriger Betrachtung nach unten fielen. Beide Fragen sind so nicht zu beantworten. Die Frage muss nur lauten, was Masse bewegt, und wohin sie sich bewegt.

Für das Warum der Nachobenbewegung höherenergetischer Enkluster sind zwei Überlegungen wichtig. Zunächst modelliert der Casimir-Effekt das Zusammendrängen zweier Teilchen im Mikroskalenbereich. Der Effekt ist zwischen zwei vereinzelten Enklustern unendlich klein. Gestaltet man den Versuch jedoch mit zwei plattenförmigen Enkluster-Verbunden aus jeweils riesigen Atommengen, wird die zusammendrückende Kraft auf die beiden Platten messbar.

Den Casimir-Effekt belassen wir wie bisher als Folge fehlender Fluktuations-Frequenzen des Vakuums zwischen den Versuchs-Platten. Die hier vorgeschlagene Betrachtungsweise nähert sich dem Effekt sogar an. Beide Versuchsplatten aus modellbeschriebenen Materialien als Komposit aus Vakmosphäruum plus Vakliquiduum bestehend müssen auf sich zustreben. Denn alle Massen in und in der Nähe einer Masseansammlung streben aufeinander zu. Dies geschieht nicht, weil sich die Massen anziehen, sondern weil das raumzeitverzerrte umgebende Vakliquiduum das Zusammenrücken bewirkt. Würde das Experiment fernab jeglicher Masseneinwirkung stattfinden, definiert sich der Raum um den Versuch so, dass für jeweils die eine Platte die andere oben liegt, zu welcher folglich beide gravitativ gelenkt werden, also aufeinander zu. Spezielle Versuchbedingungen können jedoch dazu führen, dass die Platten auseinanderstreben. Hierfür müsste man Massen von jeder Seite so an die Versuchsanordnung annähern, dass diese das System teilen. Eine Platte gerät in die Gravitationswirkung der einen Stör-Masse, während die andere Platte die der Masse auf der anderen Seite ausgesetzt wird. Über den einstellbaren Zustand der Schwerelosigkeit hinaus zwischen beiden Platten teilt sich die Versuchsanordnung auf in jeweils zwei beeinflussende Positionierung von Störmassen nebenan.

Vetraut man dem winzigwirksamen Casimir-Effekt und projiziert ihn in unser gesamtes Universum, um mit diesem Casimir-

Prinzip das Zusammendrängen von Massen zu erklären, muss unser Universum nicht nur so gewaltig riesig groß sein, dass die bisher als unsere Urknall-Sphäre mit 28 Milliarden Lichtjahren Durchmesser angenommene kosmische Heimat eine um viele Skalen kleinere Struktur einer übergeordneten Raumregion ist, es muss um potenzierbare Weiten größer als heute gedacht werden.

Eine absolute Lokalität ist an eine einzelne Masse gebunden. Da es diese einzelne Masse nur in einem vernunftgeleiteten definierten System gibt, ist eine Lokalität immer das abgebildete und modellhaft reduzierte Konstrukt einer vernunftbegabten Intelligenz. In unserem unendlichen Kosmos mit seinen verschieden quantisierbaren Massen und deren Äquivalenten ist im relativistischen und gleichberechtigten Sein aller Energiesysteme nur Nichtlokalität verschieden starker Ausprägung möglich.

Kehren wir zum Konformationenmodell zurück, um die neue Situation zu beschreiben.

Ein einzelner vakmosphärischer Enkluster ruht im Vakliquiduum. Zwei davon ziehen sich nun nicht an, die umgebende Raumgeometrie ändert sich im Vergleich zur Schwereanziehung ohnehin nicht. Beide Enkluster zieht es nach oben exakt aufeinander zu. Ein selbst massebehafteter Beobachter in der einbettenden vakliquiden Konformation bemerkt jeden Enkluster an einer typischen Eigenschaft. Er hat eine Masse, die in diesem Fall eine träge Masse ist. Diese verursacht eine **Patrix-Deformation 1. Grades**. Eine solche Deformation besitzt den höchsten theoretisch möglichen Grad an Lokalität. Ruht der Enkluster, ist er durch kugelsymmetrische Wellengleichungen wie die Psi-Funktion beschreibbar, bewegt er sich, ist diese geschwindigkeitsabhängig ellipsoid verzerrt, wenn man von außen beobachtet. Ein im Enkluster befindlicher, mitbewegter Beobachter bemerkt auf

Grund der Relativität, hier erstmal die Spezielle, nichts. Die träge Masse eines Enklusters korrespondiert ausschließlich mit seiner Eigenschaft, ein Volumen in der einbettenden Konformation zu verdrängen oder zu überlagern. Über den numerischen Wert des Quadrates der Lichtgeschwindigkeit im Vakliquiduum bei 2,7 Kelvin ist sie als Energiegehalt im Vakliquiduum mit der Einsteinschen Masse-Energie-Formel verknüpft und damit exakt berechenbar.

Gesellt sich zu einem Enkluster ein weiterer dazu, entsteht zunächst eine Raumzeitdeformation 1. Grades wie oben beschrieben an zwei lokalen Bereichen innerhalb einer Konformation. Beide Deformationen überlagern sich und produzieren eine Raumzeitdeformation mit zwei Brennpunkten. Zusätzlich zu dieser Raumzeitdeformation 1.Grades ergibt sich aus der bipolaren Raumzeitgeometrie eine abschirmende Wirkung dadurch, dass beide Enkluster gegenseitig eine zweimalige Unterbrechung der sie verbindenden Weltlinien, des normalerweise von allen Seiten gleichmäßig auf jeden Enkluster einwirkenden Gravitationsdruckes des Vakliquiduums infolge veränderter Raumzeit-Geometrie bewirken. Exakt aus der Richtung des Nachbar-Enklusters trifft eine geringere deformatorische Wirkung ein, weil diese durch den Nachbarenkluster modifiziert wird. Dies ist eine vereinigte **Deformation 2. Grades** der entlang einer gedachten vierdimensionalen Verbindungs-Weltlinie zwischen den Enklustern befindlichen Patrix. Diese Deformation wird Abschirmung genannt. Ihre Stärke ist entsprechend des Gravitationsgesetzes indirekt proportional zum Quadrat des Abstandes beider Enkluster. Je nach Konsequenz der Betrachtung reduziert sich dabei der Grad der Lokalität schlagartig von 100% auf 50 % und die Nichtlokalität verdoppelt sich oder die Charaktereigenschaft der Lokalität einer Deformation 1. Grades weicht der Nichtlokalität jeder über dem 1. Grad liegenden Deformation. Die resultierende Raumzeitgeometrie oder der ungleichmäßige Patrixdruck des Vakliquiduums erzeugt eine Nettobeschleunigung beider Enkluster aufeinander zu. Aus Sicht der gesamtresultierenden Raumzeit-Geometrie wählen beide Enkluster bei Annäherung den kürzesten Weg entlang einer Weltlinie hinauf zu einem Gravitations-Peak. Dieser wie ein Kurzschluß vorgezeichnete Weg kann in seinen Grenzfällen ein nahezu gerader Kollisionskurs sein oder eine zeitlich langgedehnte Spirale, falls Energie aus einem solchen System entweichen kann. Bleibt dem System seine Gesamtenergie enthalten, vollführen alle beteiligten Enkluster eine quasiewige Bewegung umeinander auf kreisförmigen oder elliptischen Bahnen innerhalb rotationssymmetrischer ellipsoider Orbitale. Eine derartige Beschleunigung ist gleichzusetzen mit einer positiven schweren Masse der Enkluster. Zum Vergleich würden bei negativer schwerer Masse zwei Enkluster zwischen sich Energie fokussieren und damit den Gravitationsdruck der einbettenden Patrix genau auf der Verbindungslinie zwischen beiden Enklustern erhöhen. Dieser quasiverdoppelte Gravitationsdruck treibt die beiden Enkluster auseinander. Anders gesagt, erleichtert die Raumzeit-Geometrie hierbei das Auseinanderweichen beider Enkluster auf beiden Flanken eines Gravitationssattels. Sie fallen vom Gravitations-Berg hinunter.

Ein Enkluster für sich allein oder mehrere in einem Verbund repräsentieren in einer vierdimensionalen Welt zunächst ganz statisch eine theoretisch träge Masse. Zwei Enkluster beeinflussen sich unter Erscheinen ihrer schweren Massen. Die Zustandsgrößen Entropie und Ektropie werden berechenbar. Drei Enkluster spannen eine vektorielle Überlagerung von drei Zwei-Enklustersystemen auf. Die kollektive Gravitationswirkung auf diese drei von außen wird verstärkt, wobei die Kraftwirkungen, die sich gegenseitig verstärken und vermindern, in einer Ebene liegen. Vier Enkluster umgrenzen in ihrer Wechselwirkung bereits einen tetraederförmigen räumlichen Bereich, der in vier Ebenen oder sechs Zwei-Enklustersysteme aufgelöst werden kann. Steigt die Anzahl weiter, lagern sich immer mehr tetraederförmige Kopplungen nebeneinander und durchdringen einander. Die kollektive Abschirmung innerhalb der Enklusteransammlung steigt mit deren Anzahl und nähert sich asymptotisch einem Grenzwert dieser **Patrixdeformation 3. Grades.** Wichtig für das Verhalten der Enklustergruppierung wird nun seine Selbstorganisation, seine Struktur. Diese lässt sich ganz allgemein so abstrahieren, dass kombiniert zwei mal zwei Extreme der kugelartigen Enkluster-Topologien in unterschiedlichem Grade ausgeprägt sein können. Zunächst sei ein Dichtegradient entlang des Kugelradius unterschieden, der einmal zum Massezentrum der Enklusteransammlung hin zunehmen, zum anderen abnehmen kann. Im ersten Fall formieren sich Sterne mit immer dichteren Hüllen und Kernen im Inneren. Letztendlich entstehen theoretisch extrapolierte massereiche Raumzeit-Abkapselungen bis hin zu den Abstraktionen der Schwarzen Löcher. Im zweiten Fall ordnen sich infolge von Expansionsbewegungen die Enklustermengen zu hüllenartigen Arrangements rund um enklusterfreie oder -arme Sphären.

Das zweite Kriterium ist das Rotationsverhalten sowohl der Enklusterschar als auch des vakliquiden Halos, welches durch Umlaufrichtung, Umlaufgeschwindigkeit und Rotationsachsenlage gegeben ist.

Auf die hüllenförmigen Enklusteransammlungen baut sich in Analogie zum Casimir-Effekt in größeren Skalen ein zusätzlicher Gravitationsdruck von außerhalb auf und verhilft dem gesamten Gebilde zu einer scheinbar größeren Masse, einer **„Schattenmasse“**. Eine derartige **positive Abschirmung** oder **Entkopplung** bewirkt auf diesem Wege, dass das ganze Enklusterensemble eine höhere positive Masse besitzt als die bloße Summe aller dieser Enkluster ausmachen würde. Erste Voraussetzung für das Erscheinen der Schattenmasse ist ein Überschreiten eines Schwellenwertes der Ektropie. Die zweite Bedingung folgt aus der Überlegung, dass in abschirmenden Umhüllungen jeder einzelne Enkluster oder jeder in der Umhüllung bewegliche und durch Wechselwirkungen zusammenhaltender Enklusterverbund Ektropiewerte innerhalb eines engen Bereiches haben muss. Kurz, die Ektropiegrößen aller Enkluster einer abschirmungsfähigen Hülle sind gleich oder um einen Maximalwert statistisch verteilt. Erst dies macht sie zu einer solchen Hülle. Diese Umhüllung wirkt dort am stärksten, wo die Ektropiewerte maximal sind.

In Analogie sei eine **negative Abschirmung** auch **Kopplung** genannt. Gekoppelte niederenergetische Enkluster bündeln zwi schen sich Energie und erhöhen dort scheinbar den Gravitationsdruck, der sie im Ergebnis auseinanderdrückt.

Im Gefolge des Stapelprinzips optimieren sich auf bestimmten Skalen eines bzw. unseres Universums gewisse Gleichgewichtszustände an Raumzeitverzerrungen. Die Größe des deformierten Systems selbst legt fest, welche Netto-Deformationen in ihm möglich sind. Beginnend bei kleinsten Skalen ergibt sich eine Hierarchie der Patrixdeformationen verschiedener Grade. Die Stärke der Deformationen ergibt bei kontinuierlich zunehmenden Skalen kein Kontinuum, sondern eine Abfolge aus stabilen und instabilen Deformationen. Da es eine absolute und ewige Stabilität nicht gibt, lesen sich alle existierenden Strukturen einfach dadurch aus, dass sie länger als andere Bestand haben. Ihr zeitliches Verharrungsvermögen liest sie aus. Das Prinzip Leben hat in diesem Sinne einen Weg gefunden, strukturelle Informationen über sich selbst weiterzugeben, obwohl das biologische Trägermaterial der Information eigentlich im Raum-Zeit-Fluß einer Kosmologie nicht sonderlich stabil bzw. langlebig ist und letztendlich zerfällt. Die Bauanweisungen lebender Strukturen inform der DNS-, RNS- und Proteid-Quipus unterliegen jedoch in der Biosphäre einem ähnlichen evolutionären Ausleseprozeß wie die kosmischen Strukturen innerhalb des gesamten Universums, die aus Myriaden vakmosphärischer Enkluster bestehen. Und dort überlisten sie unter allen biologischen Strukturen die Vergänglichkeit der Zeit durch biochemische Stabilität, gepaart mit der Fähigkeit, sich selbst zu kopieren. Die nichtbiologischen Strukturen der Materie ohne Fähigkrit zu einer Reduplikation beschreiten einen anderen Weg. Sie wandeln sich und bewegen sich in Kreisläufen fort.

Die Patrixdeformationen verschiedener Grade lassen sich über einen 4. oder gar 5. Grad hinaus fortsetzen. Wichtig hierbei ist, dass übergeordnete Gruppierungen von Enklusteransammlungen wie kugelschalenartig angeordnete Galaxienhaufen oder viele in dieser Weise angeordnete Universen und Hyperuniversoide ebenso in ihren Kernräumen Schattenmassen generieren können. Mehrere Deformationen verschiedener Grade können sich additiv im gleichen Raumgebiet überlagern und so je nach der Distanz des Beobachters zum Messvolumen unterschiedliche Schattenmassen erzeugen.

Im Konformationenmodell wird postuliert, dass sowohl die Gravitation als auch die Wirkung der Starken Kernkraft auf Krümmungsäquivalente des Raumes der oben beschriebenen wechselseitigen Deformationen der zwei allbeherrschenden Konformationen zurückgeführt werden kann. In einem sehr wahrscheinlich flachen oder in der Summe ungekrümmten Universum wie dem unseren wird ein Gleichgewicht beider Deformationen angenommen. Am Gleichgewicht können sich weitere bekannte, der Elektromagnetismus oder die schwache Wechselwirkung, und bisher unbekannte deformative Kraftwirkungen beteiligen. Inflationäre oder deflationäre Dynamik ist hierbei lediglich ein Symptom, dass sich die Systeme auf dem Wege hin zu einem Gleichgewicht befinden. Messungen innerhalb einer solchen Veränderlichkeit erbrächten Ungleichgewichte in den Stärken der gegensätzlich gerichteten Deformationen.

Jenes Gleichgewicht wiederum ist gleichfalls quantisiert. Die Deformationswirkung auf Enkluster und ihre Gruppierungen wechselt, auch sprunghaft, bei ansteigender Anzahl der Enkluster und bei ansteigender Skalierung zwischen neutraler, negativer und positiver Netto-Deformationen.

Negativ deformierte Patrizen begünstigen die wellenmechanische Eigenschaften ihrer Enkluster, positiv deformierte die Partikel-Eigenschaften. Darüber hinaus sind nicht alle möglichen Grade der Patrix-Deformation geeignet, stabile Enkluster zu beherbergen. Es wird postuliert, dass sich in einem Relief der Nettodeformationen aus vakliquider und vakmosphärischer Interaktion durch Optimierung aller vier und vielleicht weiterer fundamentalen Kraftwirkungen gleichsam inselartige Bereiche ergeben, in denen ganz oder nahezu undeformierte Patrixstrukturen möglich sind. Im Ergebnis dessen können ganz bestimmte Enkluster-Arrangements, z.B. ein Proton, dort um so länger verweilen, je unmöglicher irgendeine Deformation diese erreichen kann. Bei den Trans-Uranen wird eine Stabilitäts-Insel für bestimmte höhere Kernladungszahlen vermutet. Zwischen diesen hypothetischen Überkernen und dem Uran liegt ein Bereich für die Anzahl an Atomkern-Bausteinen, in welchem die „Rückdeformation“ aus dem Vakuum für die Stabilität des Kerntröpfchens zu stark geworden ist.

Nimmt man zunächst hilfsweise an, dass in der Summe beide Deformationen unser quasiflaches Universum aller Grenzmembranen zwischen vakmosphärischen Enklustern und einbettendem, alles umspülendem Vakliquiduum ergeben, müssen beide

Deformationen vektoriell entgegengesetzt wirken und in ihren Stärken indirekt proportional zum Anteil der jeweiligen Konformation sein. Damit deformieren Massen hypothetisch das kosmische Vakuum 24 mal stärker als das Vakuum deformatorisch entgegengesetzt antigravitativ auf alle Massen zurückwirkt.

Konsequent zu Ende gedacht, ist es immer die Beobachtungsrichtung, die letztlich über die positiv oder negativ genannten Massen bzw. Deformationen entscheidet. Wir sind es gewohnt, dass sich in unserem überwiegend vakliquidem Universum vakmosphärische Enkluster-Mengen entlang der Weltlinien auf- oder abwärts in einer vierdimensional charakterisierbaren Raumzeit bewegen, so dass wir meinen, sie zögen sich durch ihre Massen an. Selbst wenn sich die positiv genannte Krümmung der Patrix raumzeitlich bewegen würde, in einem wechselnden Dichte-Feld beispielsweise, sind die Indikatoren weiterhin die in Bewegung versetzten Enkluster. Erst wenn die Menge der Enkluster die Einbettungs-Patrix energetisch oder voluminös überwiegt, beginnt sich die ehemalige Umgebungspatrix relativ zu den Enklusteransammlungen zu bewegen. Vorausgesetzt werden muss hierbei, dass innerhalb aller theoretischen Möglichkeiten reale und stabile Resteinbettungen bestehen. Die zu Enklustern vereinzelte niederenergetische Restpatrix verhält sich laut Modell so, als ob sie eine negative Masse besitzt und lenkt andere gleiche Enkluster von sich fort, so dass sich diese Enkluster untereinander scheinbar abstoßen. Dabei treibt es sie nach neuer Festlegung tatsächlich nach „neu-unten“. Nach alter Gravitationsrichtung werden sie nach oben aus der sich verdichtenden Kugel an höherenergetischen Enklustern unter Versammlung herausgedrückt.

Mit jener dem vorliegenden Modell entsprechenden Beobachtungsrichtung lässt sich auch ganz zwanglos die Ursache der beobachtbaren Expansion unseres Universums erklären. Man muss nicht bei einem rückprojizierten singulären Punkt außerhalb der heutigen Physik beginnen. Es reicht, sich einen energiedichteren Bereich als heute vorzustellen, der unser frühes Universum sein kann oder aber nur ein besonders verdichteter Raum. Darin werden sich die vakliquiden Patrixsegmente in ihrer Vereinzelung wie Enkluster mit scheinbar negativer Masse verhalten.

Nun kommt der Teil der Annahme, der noch nachzuweisen wäre. Ähnlich Gas in einer Flüssigkeit steigen vakmosphärische Enkluster also im Vakliquiduum nach oben. Oben ist dort, wo sich bereits ein weiterer oder viele andere befinden. Das Oben selbst wird von der Anwesenheit aller Enkluster, ob nah, ob fern, formiert. Die niederenergetische Umgebungs-Patrix wird also dynamisch durch die Enkluster der höherenergetischen Konformation strukturiert und kann mit einer Matrix mit Hilfe von Tensoren wie bisher mathematisch beschrieben werden. Genauso wurden und werden Massen und die Raumgeometrie in der Raumzeit beschrieben.

Zusätzlich zu den bisherigen Annahmen wird eine Kraftwirkung postuliert, die sich aus dem Eingetauchtsein des Enklusters im Vakliquiduum ergibt. Die vom Vakliquiduum umschlossenen Enkluster haben dann zwei Möglichkeiten für ihre Veränderung. Die erste ist, sie ändern ihre Konformation hin zur niedrigenergetischen Konformation und verteilen ihre Energie in dieser, z.B. als Energiewelle oder „Strahlung". Damit erhöhen sie deren Energie, sind aber als Enkluster verschwunden. In zweiter Möglichkeit bewegen sie sich entlang eines Krümmungs-Gradienten hin zu einer Oberfläche innerhalb der vierdimensionalen vakliquiden Umgebung. Für einen einzelnen Enkluster ohne jeglichen Nachbar-Enkluster bedeutete dies Stillstand und ewiges Verharren. Erst mit Existenz eines weiteren Enklusters und weiterer davon definiert sich die Raumzeit-Geometrie um die Enkluster so, dass ein Unten und Oben entsteht. Bisher wurde gesagt, sie fallen in der Raumzeit aufeinander zu nach unten. Die neue Anschauungsweise im Konformationen-Modell besagt, die Enkluster werden nach oben und aufeinander zu gedrängt. Die Schwerkraft ist in Wirklichkeit eine Leichtkraft zum Auftrieb für in das All eingetauchte Energieäquivalente. Allgemeinrelativ betrachtet bleibt die Leichtkraft genauso wie ehemals die Schwerkraft eine Beschleunigung von Energiemengen relativ zur Umgebung, nur dass sich das mathematische Vorzeichen des Betrages des Kraftvektors von plus zu minus oder minus zu plus geändert hat. Topologisch-dynamisch wechselt der bestimmende Energiefluss aus den Enkluster-Ansammlungen heraus in die Weiten des Kosmos. Die hierarchische Segmentierung aller dieser vakliquiden Energie-Ströme bestimmt, wie und wohin alle Quanten und deren Verbände bugsiert werden. Dabei kommt dem Vakliquiduum die aktive Rolle zu. Ein wie auch immer gearteter Druck bugsiert alle „Masseteilchen" heraus aus dem All-Vakuum. Natürlich würden sie irgendwo aus dem Vakuum auftauchen, wenn nur eine zweidimensionale Oberfläche vorhanden wäre. Im Drei- oder Vier-Raum gibt es kein Auftauchen wie man es aus der normalen Anschauung dieser Welt aus Stoffen verschiedener Aggregatzustände gewohnt ist. Topologisch bedeutet Auftauchen hier immer, dass Irgendetwas innerhalb eines n-dimensionalen Raumes mit $n > 2$ an einen Rand jenes Raumes gerät, der wiederum ein mathematisches und hier sogar ein physikalisches Objekt ist, welches mindestens eine Dimension weniger als der beherbergende Raum besitzt, und ebendiesen Rand durchdringt, um den Herkunftsraum zu verlassen. Sie bleiben stets unterhalb einer Oberfläche, die es eigentlich im realen Raum nicht gibt. Erst dort, wo physikalische Bedingungen herrschen, die innerhalb der Raumzeit zweidimensionale Sub-Mannigfaltigkeiten, also Oberflächen erschaffen, entkämen sie ihrer normalen Umgebung. Sie würden aus der Raumzeit auftauchen, möglicherweise auch aus dieser verschwinden. Es bleibt fraglich, ob Enkluster dies unverändert überstehen. Laut Konformationen-Modell verlieren sie hierbei ihre Integrität.

Im Konformationen-Modell mit der nach „oben" gerichteten Gravitationswirkung entspricht der Higgs-Teilchen-Energie möglicherweise die Fluchtenergie, die aufgewendet werden muss, um das Vakliquiduum durch eine wie auch immer geartete Grenzmembran zu verlassen. Das Higgs-Teilchen überfüllt gleichsam den zur Verfügung stehenden Raum. Die teilchenphysikalische Absorption eines Higgsons gliche dem Anblasens eines U-Bootes, um es steigen zu lassen. Das Higgson wirkt grenzmembranbauend auf die vierdimensionale Umgebung des beherbergenden Teilchens und krümmt bzw. deformiert diese so, dass von dort aus eine Kraftwirkung auf die umschlossene Energiemenge des sphärisch eingebetteten Quants einsetzt. Die Raumzeit-Geometrie aller Einbettungen aller Quanten entwickelt schlussendlich zwischen den im Raum schwimmenden Enklustern durch gegen- und miteinander einwirkende Kraftvektoren jene resultierende Beschleunigungswirkung, die uns aus der klassischen und relativistischen Schwerkraft-Anziehung bekannt ist.

Während in einer Flüssigkeit Gegenstände mit geringerer Dichte klassisch betrachtet nach oben entsprechend der Schwerkraftwirkung über die Oberfläche der Flüssigkeit herausgehoben werden, oder gasförmig gewordene Teile der Flüssigkeit nach „oben" perlen, gibt es im quantenflüssigen Weltall, dem Vakliquiduum, in unserer normalen lebenermöglichenden Umwelt keine Oberfläche des Vakliquiduums, wohindurch diese Enkluster so einfach entweichen können. Enkluster und ihre Systeme sind sozusagen eine andere Liga. Sie bleiben jedoch mit den Aggregatzuständen der Stoffe vergleichbar. Zonen zum Entweichen entstehen dann um so wahrscheinlicher, wenn mehrere Enkluster zusammenfließen können. Je mehr Enkluster sich dort treffen, wo oben ist, desto stärker krümmt sich auch der

Raum in der Umgebung. Weitere Enkluster und auch größere Zusammenlagerungen dieser werden so heranbugsiert. Hält das Zusammenströmen an, drückt die Raumzeit immer mehr und immer stärker auf einen sphärischen Bereich der Enkluster- Konzentration. Irgendwann reißt die Raumzeit und alle Enkluster drängen durch den vierdimensionalen Riß „nach außen", „nach oben". Der vierdimensionale Raum hat ein dreidimensionales sphäroides Gebilde geschaffen, in welchem sich so viele Enkluster in so hoher Dichte aufhalten, dass sie kollektiv in die vakmosphärische Konformation übergegangen sind. Hier sind sie draußen, außerhalb der vierdimensionalen Raumzeit des Vakliquiduums. Sie sind aufgetaucht, was sie nur zusammen geschafft haben, denn die Energie dafür, der Raumzeit zu entfliehen, bringt jeder einzelne Enkluster oder bringen „wenige" Enkluster wahrscheinlich nicht immer auf. Es drängt sich analog zum Konzept der gravitativen Fluchtgeschwindigkeit der Gedanke auf, das Verlassen des Vier-Raumes in den Drei-Raum sei nur mit einer Mindest-Energie, einer maximalen Fluktuations-Energie oder eben „Flucht-Energie", möglich.

Vielleicht ist der Preis für die gelungene Flucht aus der Vierdimensionalität der Verlust einer Raumdimension, um diesen dreidimensionalen Fluchtraum zu erschaffen?

Einen Teilchenzerfall kann man demzufolge als einen gelungenen Versuch interpretieren, dass einem Enkluster die Flucht aus der niederenergetischen einbettenden Konformation gelungen ist. Dabei ist der Raum außerhalb zu klein für den Enkluster. Er taucht entweder durch seine Eigengeschwindigkeit oder durch seine Eigenschaft als auch aus Fluktuationsenergie bestehender Energieverbund wieder in die benachbarte andere Konformation ein. Finden sich mehrere Enkluster zusammen, so stabilsieren sie sich gegenseitig, was im Optimalfall wenigstens den Zerfall stoppt. Dies könnte eine Eigenschaft stabiler Teilchen sein. Möglicherweise stabilisieren sich so drei verschiedenfarbige Quarks oder zwei gegenmaterielle Quarks. Auch stabile Atomkerne könnten auf diese Eigenschaft zurückgreifen. Instabile Atomkerne würden ihre Konstituenten nicht alle festhalten können und es würden statistisch gesehen solange Baryonen wieder unter der Oberfläche versinken, bis eine stabile Konstellation hergestellt wäre, in der sich alle Kernbausteine beständig gegenseitig helfen können. Nur für die bessere Anschauung sei erwähnt, dass der räumlich oberste Punkt in diesem System von Atomkernbausteinen aus Neutronen und Protonen ein abstrakter singulärer Projektionspunkt im Inneren des Atomkernes bzw. Baryons ist. Bei diesem singulären Projektionspunkt handelt es sich wahrscheinlich nicht in jedem Fall um eine wortwörtliche Singularität. In Baryonen umkreisen sich drei Energie-Brennpunkte so, dass sie zusammen einen imaginären Projektionspunkt stets aufs Neue erschaffen, ohne auch nur in die Nähe dieses Mittelpunktes zu gelangen. Ebenso halten es die Mesonen mit ihren zwei Quarks-Paketen. Leptonen sind hierin etwas Besonderes. Sie scheinen in ihrem Zentralbereich tatsächlich einen realen singulären Energie-Reflektor zu besitzen. Mesonen und Baryonen lenken einströmende Energie geordnet seitlich ab, weil sie als Mehrteilchen-System eine Struktur besitzen. Leptonen besitzen wahrscheinlich eine Substruktur, die ihnen alle räumlichen Freiheiten für eine Energiebewegung offen lassen.

Ein physikalischer Teilchenzerfall ist demzufolge ein Energie-Quant, welches beim Verlassen seiner einbettenden Konformation ausreichend Energie hatte, heraus zu oszillieren. Bei der Rück-Oszillation in die Einbettung hatte sich ein kleiner Anteil der Energie bereits im Umgebungs-Vakliquiduum, dem Quanten-Ozean, zu weit im Raum verteilt, um komplett wieder ein Quantum für die Rückkehr zu formieren. Es reicht nun nur für einen Quant geringeren Energiegehaltes, wenn überhaupt. Diese Abnahme der quantisierbaren Teilchengrößen erzeugt die Zerfallskaskaden von Teilchen. Im einfachsten Fall zerstrahlt ein Teilchen ohne weitere quantisierbare Zerfallsprodukte in das Vakliquiduum.

Der Raumzeitraum hat uns gezeigt, welche Gebilde er für seine Ausreißer schafft. Die sphärische Raumkrümmung hält kugelförmige Raumbereiche in Schach. Entscheidend wird nun die Energiebilanz zwischen Enkluster-Kugel und Raumzeit-Umgebung. Ist die Bilanz Null, ändert sich nichts und der gravitativ existierende Körper verhält sich ähnlich einer Singularität im Vierraum, allerdings mit einer doch nicht zu vernachlässigenden dreiräumlichen Ausdehnung. Beginnt ein Energieabstrom aus dem aktiv gewordenen Klumpen, so wird dies anhalten, bis nichts mehr da ist, was exportiert werden könnte. Die Ansammlung erkaltet und wartet, wenn es sein muss, ewig. Die Enkluster-Kugel verhält sich dann vierdimensional gesehen wie ein Dreikörper, also ein Vierkörper ohne die Zeitdimension. Dies erinnert an den Energiefluss in einem Vierraum, der in einer Singularität zum Stehen kommt. Strömt weiter Energie in die Enkluster-Menge ein oder hält der Enkluster-Zustrom an, übersteigt die Energiekonzentration bald die Schwelle, die der umgebende Vierraum mit seiner Krümmung verteidigen kann. Die zusammengelagerten und vielleicht entarteten Konstituenten der Enkluster drängen zurück in das Vakliquiduum. Falls ein Mechanismus in Gang kommt, der wie in einer überkritisch werdenden Energiekonzentration lawinenartig losbricht, explodiert das Ganze. Beispiele sind Kernspaltungen, Supernovae, Heizkesselexplosionen, Urknalle usw. Der plötzlichen Verteilung der Enkluster im Raum folgt ein Nachstürzen des Vierraumes in die Lücke, ein Prozess, der sich wie ein Raumzeit-Beben im Kosmos verteilt. Seine Gravitationswellen verlassen kugelschalenartig, sicher nicht ideal kugelförmig, ihren Entstehungsort, bis sie in den Weiten des Universums verstreichen.

Das neue „Oben" bedeutet im Modell immer, „Heraus aus der vierdimensionalen Raumzeit" hin zu einer innewohnenden Oberfläche im Vierdimensionalen, die nur ein dreidimensionaler Rand der Raumzeit sein kann, also ein physikalisches Objekt, welches mit Hilfe eines mathematischen Objektes im Drei-Raum beschrieben werden kann. Man sollte also getrost weiterhin vom vom Baum fallenden Apfel sprechen, wenn der Alltag dies in der gewohnten Umgebung erfordert. Wie soll man mit den Worten der Umgangssprachen sagen, der Apfel würde im Vierraum nach oben und außen gelenkt. Man wäre zumindest die Erklärung des Konformationen-Modelles schuldig. Modellkonform beschreibt man daher den Fluss des Energiequants Apfel, ein chemischer und physikalischer Verbund sehr vieler Enkluster, entlang geodätischer Linien im Vierraum hin zu einer dreidimensionalen Oberfläche innerhalb dieses Vierraumes, die idealerweise an der Erdoberfläche beginnt. Erde und Apfel werden aufeinander zubewegt. Das umgebende Vakliquiduum mit seiner vierdimensionalen Raumgeometrie zwingt beide dreidimensionalen räumlichen Submannigfaltigkeiten des Vierraumes zum Zusammenfließen. Der Apfel verlässt den Vierraum und taucht in den Dreiraum des Erd-Geoids ein. Strenggenommen ist diese Darstellung doch stark idealisiert und modellangepasst. Eigentlich müssten Apfel und Erde in sich reines Vakmosphäruum beherbergen. In Wirklichkeit sind beide Zusammenlagerungen vakmosphärischer Enkluster-Mengen, die innerhalb ihrer Körper noch sehr sehr viel Vakliquiduum beherbergen. Es reicht aber aus, dass sich die beiden sogar ähnlichen Enkluster-Patrixumgebung-Arrangements wie verdünnte vakmsphärische Dreikörper im vierdimensionalen Vakliquiduum bewegen.

Puristischer wird das Szenario, wenn zwei Schwarze Löcher aneinander geraten. Hinter dem Ereignishorizont beginnt eine allmähliche Verdichtung vakmosphärischer Enkluster im Vakliquiduum bis hin zu Vakmosphäruum in Reinform über die Zwischenzonen an zunehmend mit Vakliquiddum oder Vakma dotiertem Vakmosphäruum. Im Konformationen-Modell ist ein Schwarzes Loch die Ansammlung von aus dem Vakliquiduum aufgetauchten Enkluster – Unmengen. Die lokale Energie innerhalb des Schwarzen Loches erzeugt vermutlich auch sehr viel aus Vakma bestehende Patrix. Das Schwarze Loch zieht nun nach alter Anschauung mittels Schwerkraft nichts in sich hinein, wie es den Anschein hat, die Anwesenheit riesiger Energie-Äquivalente hinter einer Ereignis-Wand krümmt die Raumzeit in der Umgebung des Schwarzen Loches hingegen derart stark, dass der Weg zur Oberfläche aus der Raumzeit heraus für alle massespürenden Materieformen umso kürzer wird, je näher diese an die vierdimensionale Oberflächen-Membran gelangen. Dort fließen die vielen Vakmosphäruum-Tröpfchen mit dem vakmosphärischen Riesen-Tropfen zusammen. Trifft Riesen-Tropfen auf Riesen-Tropfen, also Schwarzes Loch auf Schwarzes Loch, löst dies zunächst ein Raumzeit-Beben aus, messbar als raumzeiterschütternder Gravitationswellen-Schauer. Das vereinigte Doppel-Loch wiederum stellt die Struktur der Umgebung des Alls auf die Probe. Reicht die Oberflächenspannung der umhüllenden vakliquiden Raumumgebung nicht aus, ist also die Energiekonzentration im Unionsloch zu hoch, schießt vakmosphärische Patrix in das umgebende Vakliquiduum ein. Dieser Vorgang kann sporadisch als Jet und wenig störend, aber auch als hypernova-ähnliche Explosion wie ein kleiner Urknall ablaufen. Laut neuer Betrachtung im Modell tauchen die vakmosphärischen Patrix-Massen, sicher in Form verschiedenster Enkluster-Arten und –Anzahlen sowie Strahlungsausbrüchen und Schockwellenfronten, zurück in das kosmische Vakliquiduum ab. Im Knall sieht man zwar alles schalenförmig nach außen und wie bisher gewohnt nach oben fliegen, aber dem Modell folgend richtig gesagt, schießt sich verdünnendes Vakmospäruum hinab in die vierdimensionale Raumzeit. Alle diese Vorgänge schaffen Strukturen im All, die immer genauer beschrieben und erforscht worden sind. Alle Galaxien des Universums sind die aufgescheuchten Energieturbulenzen, die beim Zusammenfinden von zwei, drei, vier und noch mehr Schwarzen Löchern, durchaus mit unterschiedlicher Größe, um diese spiralig aufeinander zu rückenden Patrixsphäroide sichtbar werden. Verschiedene Anzahlen in den unterschiedlichsten Entfernungen zueinander erzeugen die vielfältig aussehenden Galaxisformen und – größen.

Mit der Leichtkraft beschrieben, sieht dies versuchsweise so aus: Je näher man einem Riesen-Enkluster Schwarzes Loch kommt, desto stärker krümmt sich die umgebende Raumzeit. Diese gewaltige Krümmung legt damit umso nachhaltiger fest, in welcher Richtung neu-oben ist, nämlich genau in Richtung Energiezentrum des Schwarzen Loches. Vielleicht benerbergt ein turbulentes Schwarzes Loch auch mehrere projektive Energiezentren. Alle vakmosphärischen Enkluster, ja selbst Energieanreicherungen im Vakliquiduum und vielleicht auch die Vakmatischen Konstituenten aller Enkluster erfahren eine Beschleunigung aufeinander zu, wobei das Schwarze Loch natürlich den überwiegenden Teil dieser vektoriellen Kraft stellt, indem es über den Umweg der massiven Raumszeitkrümmung seiner Umgebung so erscheint, wie es bisher beschrieben wurde: Ein Alles-Schlucker im All.

Aus größerer Entfernung betrachtet, scheint sich in einem solchen Mechanismus Alles hin zu einer Singularität im Raumzeitraum zu bewegen. Der mathematische Punkt dieser Singularität lässt sich irgendwo im Inneren des Schwarzen Loches hineinprojizieren. Dies gleicht einem Energiefluss im Drei- bzw. Vierraum in eine Singularität hinein, einer Situation, die theoretisch zu immer höherer Verdichtung um die Singularität führt. Mathematisch wurde dieses Problem damit gelöst, dass dieser topologische Fluss der Metrik einfach herausgeschnitten wird und abstrakt beseitigt wird, um den Krümmungs-Fluss dann weiterlaufen zu lassen. Die Metrik verschwindet also, bevor sie ganz die Singularität erreicht. Theoretisch kann Metrik von außen hinzuströmen, so viel sie will, oder die Singularität verschwindet mitsamt der Metrik in der Punktumgebung. Hilfsweise kann angenommen werden, dass die Umgebung der Singularität in einen höherdimensionalen Raum entweicht, damit also an den Rand der vierdimensionalen bei Ausgangs-Betrachtung im Dreiraum bzw. fünfdimensionalen Mannigfaltigkeit bei solcher im Vierraum gesetzt wird. Hier ergibt sich also der Hinweis auf den Umgang mit diesen Singularitäten: Lege eine Grenze fest, wann du den Krümmungsfluss vor Erreichen der Singularität herausschneidest, und nimm die ausgeschnittene Sphäre als Rand eines Hyperraumes. Im Ausgangsraum verschwindet sie damit. Im Fünfraum hat sie eine Position am Rand dieses Raumes und ist damit keine Singularität mehr. In der Natur lässt sich Energie nicht einfach ausschälen und durch Hinzunahme weiterer Raumdimensionen verfrachten. Hier ereignet sich vor Erreichen einer projektiven Singularität ein Konformationsübergang, wenn die Oberfläche des Schwarzen Loches durchtunnelt wird. Damit verschwindet die Energie tatsächlich, aber nur für das Raumsegment außerhalb des Schwarzen Loches. Innerhalb des Schwarzen Loches wird die eingesickerte Energiemenge in eine gänzlich andere physikalische Welt aufgenommen. Ob es dort tatsächlich fünfdimensionale Raumzeit-Metriken gibt, wird irgendwann festgestellt werden können. Es ist eher anzunehmen, dass sich die Existenz Schwarzer Löcher einem wichtigen topologischen Umstand verdankt, dass nämlich nur in vierdimensionalen regulären Räumen die Auswahl an Metriken unendlich ist. Man stelle sich weiter vor, innerhalb der Schwarzen Löcher gäbe es eine Hierarchie an Metriken, selbstoptimiert aus unendlichen

Anzahlen verschiedenster Vierraumgeometrien ausgewählt, nach der sich die Energiemengen der dortigen Patrix ausrichten. Nicht eine einzige Raumgeometrie gilt, sondern je nach Menge, Verbund, Ausdehnung, Ursprung, Dichte der Energien und was sonst noch möglich ist, prägen mehrere Raumzeit-Geometrien die Energie-Bewegungen des vermuteten Vakmas im dortigen Vakmosphäruum. Zwiebelschalenähnlich umgeben verschiedene 4-dimensionale Metriken die Core-Region des Schwarzen Loches, wenn sie nicht durch die chaotischen Strukturen des Vakmosphäruums bzw. Vakmas unregelmäßig verwirbelt werden. Damit interagieren alle Schwarzen Löcher im All untereinander als riesige, energetisch oben befindliche Materie-Sauger nach altgravitativem Verständnis. Sie sind neugravitativ das Ziel aller Krümmungs-Äquivalente des Kosmos. Das zwischen ihnen liegende Vakliquiduum säubert sich durch einen Energiefluss, der dem Fluss der Raumzeit-Krümmung entspricht. Hieraus wird postuliert, dass die Ursache für die Leichtkraft über einen mengenmäßigen Energiestrom hinaus im Fluss der Raumzeit-Metrik liegt. Während vereinzelte, als äußere Energie charakterisierbare Energiepakete immer unter Entropiezunahme topologisch zerstreut werden, haben innere Energieformen und Fluktuations-Energieanteile mit höherer Aufenthaltswahrscheinlichkeit in der inneren Energie das Bestreben, total ungekrümmte Raumgeometrien, also Euklidischen n-Raum, zu strukturieren. Jegliche Energiezunahme in der inneren und Fluktuations-Energie krümmt die Raummetrik und geht innerhalb der Patrix auf die Reise. Überschüssige Energien werden gleichsam herausgedrückt, um eine laminare, flache Raummetrik zu erreichen. Und diese Flussrichtung der Metrik erzeugt die neue Gravitations-Orientierung in unserem Modell. Je gekrümmter bzw. anderweitig verpackter die Raumzeitgeometrie ist, desto weiter oben befindet sich die Energie im Konformationen-Modell. Ein energetisches Oben entspricht einem gravitativen Oben. Graduelle

Änderungen der Metrik bewirken das Wandern der Energie in den Konformationen. Qualitative Umschläge der Raum-Zeit-Metrik sind zum Einen die Konformations-Übergänge und zum Anderen die vermuteten Sprünge innerhalb von hierarchischen Anordnungen der verschiedenen Metriken beispielsweise im 4-Raum des Vakmosphäruums.

Interne Beobachter aus dem Schwarzen Loch heraus bemerken, dass es im All draußen in ungewohnter Weise nur die Riemannsche Geometrie des Vierraumes gibt, genau gerechnet, reicht auch die des Dreiraumes mit Krümmungstensoren aus. Glücklicherweise für uns gilt sie hier aber ausnahmslos als Allgemeine Relativitäts-Theorie.

In unserem Modell darf man fragen, was mit dem Staubsauger geschieht, wenn er voll ist. Die Müllabfuhr ist furios. Zunächst sei an das Raumbeben erinnert, wenn zwei Schwarze Löcher zusammenfließen. Diese Ereignisse sind jedoch zahlenmäßig selten. Normal ist das eher kontinuierliche Einströmen durch Hineindrücken von Partikeln, Wellen, Neutrinos, Planeten, Sterne , Sternenhaufen oder ganzen Galaxien. Wie die Beobachtungen der Teleskope ergeben haben, scheint neben kleineren Energie-Strahlungs-Möglichkeiten der Hauptabstrom an Energie aus dem Schwarzen Loch über zwei Strahlungs-Jets an den Rotationspolen zu erfolgen. Die aus dem Allvakuum in das Schwarze Loch hineintransportierten Energie-Äquivalente werden in der höherenergetischen Konformation dort gleichsam zerkocht und über Ventile, den Jets an den Polen, als kosmischer Dampf zurück in das All geschossen.

Damit scheint ein Schwarzes Loch ein Quark-Gluon-Dampfgenerator in Galaxisgröße zu sein. Mehrere Schwarze Löcher formieren sich in einem Sturmwirbel umeinander zu einer Dampfmaschine mit beschränkter Haftung. Während bei Unterbrechung der Energiezufuhr der Kessel von selbst abgeschalten wird, die Jets strömen dann nicht mehr, schmilzt der Raum bei überkritischem Konzentrieren der Energie auf, so dass der gewaltige vakmosphärische Schlackeklumpen allzu hastig vereinter Schwarzer Löcher die bändigende Raumkrümmung überwinden kann. Urknallartig zerreißt es seine vakliquide einbettende Hülle und verdünnt sich dort, bis ein energetisches Gleichgewicht erreicht ist. Mit anderen Worten, es schießt explosionsartig in den Raum, zentrifugal nach außen, nach „neu-unten" abtauchend in die Nachbar-Konformation, das vakliquide All.

Das Aussehen der vielen Galaxien lässt sich im bekannten Gabeldiagramm ordnen. Den Gabelgriff besetzen die kugelähnlichen Typen, einen der Zinken die wirbelförmigen Spiralsysteme ohne, den anderen solche mit Balken. Vermutlich bilden sich balkenförmige Zentralstrukturen dann, wenn die Rotationsachse des Bulges weit genug von der galaktischen Scheiben-Drehachse abweicht und gleichsam auf der galaktischen Äquatorialebene liegt. Folglich liegen in balkenlosen Spiralgalaxien die Rotationsäquatoren des Bulges und der Scheibe nahe beieinander oder aufeinander. Dagegen ergeben sich in Balkenspiral-Systemen einerseits eine regelmäßige differentielle Rotation zwischen Bulge- und Scheibensternen und andererseits ein Bulge-Spin, dessen Rotationsachse zusätzlich zu seiner Eigenrotation noch eine Umlaufdrehung etwa in der Ebene der galaktischen Scheibe vollführt. Der gekippte Bulge wird durch das eigene Magnetfeld zu einem Balken gestreckt. Balken- und Scheiben-Magnetfeld induzieren sich gegenseitig. Es ist möglich, dass das gesamtgalaktische Umgebungs-Magnetfeld die Balkendrehung beschleunigt, im anderen Falle bremst. Strahlungs- und Teilchen-Jets, die dem Balkenfeld entstammen, beregnen die Scheibensterne samt deren interstellaren Raum und erreichen nicht den Halo wie in einfachen Spiralsternsystemen. Falls die Bulgeachse in Relation zur galaktischen Scheibenachse sogar taumelt und präzessiert, möglicherweise noch in weiteren Ebenen rotiert, ergeben sich die vielfältigen Formen unregelmäßiger Galaxien. Alle diese Galaxien-Gebilde sind die Folge aufeinander zurückender Schwarzer Löcher in unterschiedlicher Größe und Anzahl. Wie Wetter-Phänomene in einem gravitativ abgeschlossenen galaktischen Halo zeigen sie an, wie schnell und wie nah sich die riesigen vakmosphärischen Sphären bewegen und gegenseitig zerreißen. Ruhige stabile Galaxien mit einem einzigen Schwarzen Loch im Zentrum ordnet man in den Gabelgriff weit weg von den Zinken an. Solche mit verwirbelten Mehrfach-Löchern bilden den einen Zinken. Irgendwie anders positionierte Schwarze-Löcher-Treffen den anderen.

Wenn man sich mit dem Higgson im Konformationen-Modell bewegt, hat es wahrscheinlich an der energetischen Grenzfläche zwischen vakmosphärischen Enklustern innerhalb des Vakliquiduums nichts zu suchen. Die Erzeugungsenergien der Higgs-Teilchen führen uns eher zu denen der Weakonen. Möglicherweise ist das Higgson auch ein spezielles Weakon, vielleicht ein spezielles Eichboson der Starken Kernkraft oder sogar eines für die Starke und Elektroschwache Kraft vereint, also ein um ein „Strongon“ ergänztes „Weakon“. Denkbar ist auch ein exotisches Gluon, welches aus Patrix aus Vakma besteht und sich innerhalb von vakmosphärischen Enklustern oder sogar innerhalb von ausgedehnten Vakmatischen Patrixräumen befindet. Unter speziellen Versuchsbedingungen nun wurde das Higgson gezwungen, seine Heimat innerhalb eines Enklusters zu verlassen. Damit bewegt es sich als Energiequant innerhalb des Vakliquiduums. Für diese einbettende Patrix-Konformation ist es jedoch nicht optimiert und verteilt sich über Zerfallsprodukte in die Umgebung. Im Vakmosphäruum zerfällt es zu Eichbosonen, im Vakliquiduum möglicherweise zu Mesonen.

Eine kosmologische Konstante oder auch kosmologische Variable oder variierende Konstante ist in dieser Beschreibung des Higgson-Mechanismus nicht notwendig. Die Konstante kennzeichnet den Druck, den eine andere Konformation, das Vakliquiduum, auf jedes Masseteilchen, bestehend aus Vakmosphäruum, ausübt. Das Higgs-Boson entsteht jedoch in der anderen Grenzmembranen-Welt zwischen Vakma und Vakmosphäruum. So wie Z- und W-Bosonen abgesprengte Portionen an aktivierten vakmosphärischer Patrix von einem vakmosphärischen Teilchen im Vakliquiduum darstellen, sind Higgsonen ursprünglich Vakmatische Patrixbereiche, verborgen innerhalb vakmosphärischer Enkluster, die sich in höherenergetischen Energiebändern zunächst aus Vakmatischer Konformation in vakmosphärische Konformation umwandeln. Dies ergänzt die aus vakmosphärischer Patrix bestehenden Enkluster überkritisch, d.h. der Enkluster wird instabil und zerfällt. Ein Zerfallsprodukt auf diesem Wege der Energieverteilung ist das Higgs-Boson. Das nachgewiesene Energie-Quant Higgson innerhalb des Vakliquiduums ist dort ein sehr kurzexistentes Teilchen, während es innerhalb seiner energetischen Heimat, dem Vakmosphäruum, als Gebilde aus Vakma bisher hierin nicht nachgewiesen wurde. Die Kollisions- und Streuungs-Experimente für den Higgson-Nachweis müssen sozusagen einen Vakmatischen Quant aus seiner vakmosphärische Einbettung herauslocken. Besser wäre eine Nachweis-Technologie, die das Higgson in seiner natürlichen Herkunftskonformation beobachten kann.

Ein vakmosphärischer Enkluster allein „verdrängt" wie eingetaucht in das Vakliquiduum mehr Raum bzw. Raumzeitraum als wenn er aus Vakliquiduum bestehen würde. Was aber ist, wenn die Patrix eine Anomalie wie beispielsweise das Wasser im Temperaturbereich um 0 bis 4 Grad Celsius besitzt? Dann wären die Enkluster drei- oder vierdimensional kleiner als die ursprüngliche vakliquide Einbettung. Sie würden plötzlich stabilisiert im Vakliquiduum gefangen sein, und nur durch eine Anregungsenergie auf ihre ehemalige Größe gebracht werden können. Unterhalb dieses Energiewalles blieben sie stabile Enkluster. Eine allmähliche Energiezufuhr führte lediglich zu einer mechanischen Ortsveränderung in Form einer gleichförmigen Bewegung entsprechend der Speziellen Relativität oder einer beschleunigten Bewegung nach der Allgemeinen Relativität. Man beachte bei dieser Modellierung, dass man automatisch im Drei-Raum denkt, also sich ein dreidimensionales Volumen gedanklich vorstellt. Diese Enkluster hier sind vierdimensional. Ein vierdimensionales Sphäroid muss nicht zwingend permanent ein größeres Volumen als die einbettende Patrixkonformation aufweisen. Mehr noch, wie bereits erwähnt, hat der vierdimensionale Raum im Gegensatz zu allen andersdimensionalen Räumen mit weniger oder mehr als 4 Dimensionen eine bemerkenswerte Eigenschaft: Auf diesen gibt es unendlich viele Möglichkeiten, sie zu differenzieren, also eine riesige Anzahl der Möglichkeiten für verschiedene und untereinander nicht herleitbare und verwandte Geometrien.

Es kann hier einmal vermutet werden, dass sich die verschiedensten Arten an vakmosphärischen Enklustern im Vakliquiduum mit ihrer 4-dimensionalen Raumgeometrie von der 3-dimensionalen Raumgeometrie mit den 3 Möglichkeiten flach oder positiv gekrümmt oder negativ gekrümmt unterscheiden. Die geometrischen Möglichkeiten auf einem topologischen Vierraum sind quasi-unendlich. Vielleicht besitzt jede Sorte aus dem Teilchen-Zoo, ob stabil, ob als eine Anregung, ob als Oszillation, eine eigene spezifische vierdimensionale Geometrie, die man zu deren entscheidenden Merkmalen hinzuzählen muss.

Die Beschreibung von Phänomenen im Dreiraum, den sich die menschliche Vernunft ohne Mühe vorstellen kann, mit Hilfe von Räumen mit mehr als drei Dimensionen erfordert stets eine anschauliche Reduktion zurück auf drei Dimensionen. Eine Berechnung in vieldimensionalen Räumen muss sich schließlich im Dreiraum , besser noch in der vierdimensionalen Raumzeit überprüfen lassen. Es sei hier darauf verwiesen, dass mathematische Berechnungen in höherdimensionalen Räumen ein Hilfsmittel für eine Beschreibung und für Vorhersagen sind, die physikalische Realität aber ganz ohne Dimensionen auskommt. Selbst das Denken im Dreiraum ist eine Abstraktion, die die uns umgebende Wirklichkeit für den menschlichen Verstand am besten beschreibt. Schon bei der Erweiterung in vier Dimensionen endet die Vorstellungskraft. Man modelliert mit dreidimensionalen Näherungen. Der wirkliche Triumph der menschlichen Erkenntnis ist eben die Erkenntnis, dass in den Relativitäts-Theorien das Berechnen im Vierraum präziser ist als im Dreiraum. Daraus abzuleiten, dass es den Vier-Raum um uns herum tatsächlich gibt, ist kühn, aber bisher ohne Beweis. Dieses Hilfsmittels der Erweiterung der Dimensionalität des Beobachtungsraumes bedienen sich auch die Stringtheorien. Auch hier gilt, dass die bessere Berechenbarkeit und Darstellbarkeit der Phänomene nicht mit dem Nachweis der vielen Dimensionen verwechselt werden darf. Besser erscheint, die Zuhilfenahme weiterer Dimensionen als eine Synthese mit der Matrizenmechanik zu verstehen. Dies kann einen Weg öffnen, die Relativitätstheorien und auch dieses Konformationenmodell näher an die Quanten-Theorien heranzurücken. Die Besonderheiten des Konformationen-Modells ist hierin, dass sowohl Relativitäts- als auch Quanten-Modelle mitsamt Stringtheorien und Eichbosonen aller Coleurs darin untergebracht werden können. Das Modell gestattet sogar Irrtümer bei der Verortung verschiedenenr Phänomene in die einzelnen Konformationen.

Beginnen wir mit einer der Haupteigenschaften der Quarks, nämlich mit zunehmendem Abstand voneinander einer stärker werdenden gegenseitigen Anziehungskraft in Form der Starken Kraft ausgesetzt zu sein, die den Regeln der Quantenchromodynamik, genauer berechnet in der Gitter-Quanten-Chromodynamik, folgt. Im Konformationen-Modell sind Quarks vakmatische Enkluster und die Gluonen sind die den Eichbosonen ähnlichen Austauschteilchen aus vakmatischem Patrixmaterial zwischen den Quarks. Die Quark-Tripletts oder –Dupletts werden mehr noch als alle vakmosphärischen Masse-Enkluster im Vakliquiduum gravitativ nach oben gelenkt. Oben ist hier ein zentraler Projektionspunkt oder aber durch die besondere Geometrie vierdimensionaler Räume eine Projektions-Region mit möglicherweise mehreren und wechselnden Projektions-Punkten. Denkbar ist, dass dieser Zielraum quanten-unscharf ist. Bei gegenseitiger Annäherung der im Teilchen eingeschlossenen Quarks werden die Aufenthaltsräume der Gluonen zu energiedicht und Quarks und Gluonen drohen sich in einer Vakmatischen Patrix-Coreregion zu vereinigen. Laut Modell oszilliert das Vakma daraufhin überkritisch, so dass ein Pico-Urknall das Baryon oder Meson zerfallen lässt. Es reicht bereits, wenn sich in einem stabilen Drei-Quark-Baryon ein viertes Quark materialisiert oder es dringen weitere Quarks aus der Nachbarschaft in das Baryon ein. Quarküberladene Baryonen enden so in Zerfallskaskaden. In einem Quark-Gluon-Plasma, also in einem ausgedehnten vakmatischen Patrixbereich, entstehen Viel-Quark-Mesonen oder – Baryonen immer wieder neu, so dass sie von außen gesehen stabil erscheinen. Unser Mini-Universum „Stabiles Baryon" ist eine Form einer energetischen Balance aus Quark-Spins, Baryon-Spin, elektrostatischer Abstoßung, elektromagnetischer Anziehung, Schwacher und Starker Kernkraft und der gravitativen Deformation aus dem umschließenden Vakliquiduum sowie möglicherweise anderer deformatorischen Kräfte. Gelingt es beipielsweise, die Quarks unter Aufwendung von Energie auseinanderzurücken, steigert dies die Austauschrate der Gluonen und erschafft weitere Gluonen in der Quarkumgebung. Energie wird also als Gluon „materialisiert“. Findet man diesen Kanal zu den Gluonen nicht, kann man Quarks energetisch kaum anders beeinflussen, so dass das Arrangement an Quarks störungsfrei bleibt. Quantisierte Energiezufuhr in die Quarkumgebung findet also dort nur Eingang, wenn für das Vakma passende Energiepakete ausgewählt worden sind. Modellkonform drängelt sich die Mehrenergie zwischen die Quarks. Der Beitrag eines isoliert gemessenen Quarks zur Baryonen-Gesamtmasse liegt weit unterhalb eines Drittels. Die Quark-Anordnung umschirmt vielmehr ein Raumgebiet zwischen sich und erschafft dort eine Patrixzone wabernder reeller und virtueller Gluonen, weiterer virtueller Quarks, kurzgeschlossener Schleifen von Teilchenkaskaden und vielleicht auch Higgsonen. Alle diese Energie-Quant-Verknetungen scheinen nur in einer einzigen uns bekannten Struktur im Universum ewig konserviert haltbar zu sein, das isolierte und nicht angeregte Proton. Im Enklusterverbund Proton vermag eine ganz bestimmte Energiemenge ewig in sich selbst ruhend aus dem ständigen Wechsel der Energieformen herauszutreten. Hinduistisch betrachtet, hat jedes Proton das Energie-Rad verlassen. Schon im etwas schwereren Neutron zeigen sich Instabilitäten, die dazu führen, dass ein isoliertes Neutron in weniger als einer halben Stunde zerfallen wird. Noch schwerere Baryonen hält es keine Sekunde zusammen.

Wie in einem Schwarzen Loch, nur auf Pico-Ebene, wirken diese aufgestauten Gluonen gewaltig aus dem Baryon heraus in das umgebende Vakmosphäruum bis in das Vakliquiduum hinein. Sie deformieren zum Einen einen schmalen Saum um das Teilchen als Starke Kernkraft, zum Anderen nach Gravitations-Gesetz und Allgemeiner Relativität weitreichend in die vakliquide Patrix hinaus. Das Vakliquiduum hebt modellkonform die nach unten aus dem Verbund drängenden Quarks wieder in ihre vakmosphärische Rauminsel hinein. Je weiter die Quarks nach außen, also unten, geraten, desto stärker ist die Kraftwirkung zwischen den Quarks. Nicht die bisher beschriebenen und anschaulicheren federschraubenartige Kräfte binden also die Quarks aneinander, die Gravitation aus der Umgebung drückt sie zusammen. Die Starke Kernkraft qualifiziert sich hiermit zu einer Gravitation des Vakmosphäruums. Sie gehorcht offensichtlich einem ähnlichen Mechanismus im Vergleich zur gewohnten Gravitation vakmosphärischer Enkluster im kosmischen Vakuum. Allein ihre Reichweite nur im quarkhaltigen Masseteilchen trennt sie von der außerhalb dieser Teilchen gelegen Welt ab.

Wenn es auch ewig stabile Enkluster nicht gibt, so verharren modellkonform einige wichtige sogenannte Elementarteilchen unseres Kosmos extrem lange innerhalb einer statistisch vorhandenen Zerfallskaskade. Sie bilden das eigentliche Rückgrat unserer Welt, weil wir aus Agglomeraten dieser Teilchen selbst bestehen. Das Ähnliche erkundet nämlich zunächst das Ähnliche. Erst dann fallen nichtähnliche Phänomene erst auf. Instabile Teilchen beispielsweise wären Bestandteile einer extrem kurzlebigen Welt, in deren Taktfrequenzen wir einfach nicht leben. Nähmen wir an, es gäbe Kreisläufe von erkennender und abbildender lebensähnlicher Materie aus den schnell zerfallenden Elementarteilchen, so würden diese uns wie Fixsterne wahrnehmen, während wir sie gar nicht als strukturbildend einordnen könnten. Unsere Zeit wäre dermaßen gedehnt aus der anderen Perspektive, dass wir keine Ereignisse hätten, die wir Seite an Seite erleben könnten. Für uns gäbe es diese überschnelle Welt nicht.

Folgerichtig erkannte man die Mikrowelt zuerst über deren stabile Bausteine. Protonen und Elektronen, Neutronen und Enklusterverbunde aus diesen Dreien erkannte man als die stoffliche Materie. Die Antiteilchen dafür kamen dazu, wobei besonders die Anti-Neutrinos eine bedeutsame Materie-Lücke schlossen.

Im Konformationenmodell interessiert besonders die neue Orientierung der gravitativ aufwärts gerichteten Gravitationskraft. Dieses Postulat erhält aus der Zuweisung der Quarks als vakmatische Enkluster innerhalb vakmosphärischer Enkluster, der Elementarteilchen, einige Unterstützung. Das stabilste Elementarteilchen Proton beherbergt also drei Quarks, 2 up-Quarks und 1 down-Quark. Diese 3 Quarks, gefangen im Proton, drängen nach oben, d.h. in das Innere zu einem singulärem Punkt. Drei gleiche Teilchen müssten eigentlich in einer Ebene bleiben. Da sie verschieden in Typ und Farbladung sind, werden sie vor dem Erreichen eines idealen Projektionspunktes exakt im Zentrum des Protons durch seitliche Meidbewegung in abgestimmte Ausweichbewegungen versetzt. Dieses koordinierte Umkreisen des zentralen Zielpunktes in m.o.w. gleichmäßiger Entfernung erschafft die Räumlichkeit der dreidimensionalen Ausdehnung des Protons. Nur in dieser Kombination entstehen ewig stabile Orbitale aus drei trifarb-supraleitenden Energiequanten, die wie aus der Zeit gefallen ewig aufeinander zubewegt werden, gravitativ nach neu-oben, räumlich in das Innere des vakmosphärischen Patrix-Tröpfchens um sie herum hinein. Nur diese drei Quarks zusammen schaffen es, zunächst der Gravitation folgend in die Singularität hineingelenkt zu werden, die vor deren Erreichen jedoch die Patrixeigenschaften so verändert haben, dass diese sie seitlich vom zentralen Zielpunkt ablenkt und in eine Meidbewegung zwingt.

Es ist bekannt, dass für die Vergrößerung der Abstände der Quarks untereinander Energie aufgewendet werden muss. Werden Quarks zu weit voneinander entfernt, entstehen zwischen ihnen Gluonen und Quarks, gleichsam als Materialisierung der hineingepumpten Energie. Es wird postuliert, dass ebenso zwischen den 3 Quarks bei deren Annäherung quarkähnliche Materie, also Vakma, erzeugt wird, die ganz einfach ein Verschmelzen der drei Quarks verhindert. Je näher sich die Quarks kommen, desto mehr dieses Zentral-Vakmas wird erzeugt. Erklärt man dies alles mit Teilchen, die bekannt und entdeckt worden sind, so können dies entweder Quarks, Gluonen, Neutrinos, Weakonen oder Higgsonen sein.

Dabei scheint die Protonenmasse zum überwiegenden Anteil aus dem umschirmten Zentralbereich innerhalb der drei Quarks zu stammen. Die Masse eines einzelnen Quarks ist dafür viel zu klein. Denkbar wäre ein topologisches Modell, in welchem drei Quarks zusammenfließen und so eine überkritische Energiemenge bilden, die im Vakmosphäruum ab einer kritischen Dichte einen Zentralbereich aus Vakma erschaffen. Ob sie dabei ihre eigene Masse beisteuern oder durch eine räumliche Umschirmung den Konformationsübergang erzwingen oder beides zugleich bewirken, sei zunächst nicht wichtig. Ab einer kritischen Energiedichte kann die vakmosphärische Einbettung den vereinigten vakmatischen Energietropfen nicht mehr bändigen und er schießt in die Tiefe der Umgebung zurück. In dem Moment, in dem sich exakt drei Energiequanten genau wie die drei Quarks verhalten und eine maximale Entfernung vom Zentralpunkt erreicht haben, ist das Proton im Innern wie ein Proton angeordnet, so wie man es kennt: Drei Quarks umfassen einen Rumpf-Energie-Tropfen, von dem sie sich durch die Gluon-Zusammenkettung nicht weiter entfernen können und förmlich wieder in das Innere gelenkt werden. Dieses Abtauchen und wieder Erscheinen der Quarks ähnelt einem Schwingkreis. Es ist dabei nicht einmal gesagt, dass Eingetauchtsein und Orbitalexistenz von gleichlanger Dauer sind. Die geschilderte Oszillation formt die Protonenstruktur.

Wichtig ist, dass das Aufkochen des valmaquatischen Inneren nicht so heftig wird, dass die zentrifugale Oszillation eine Fluchtenergie überschreitet und so den typischen Protonenradius verlassen kann. Das herauskatapultierte Quark gelangt so in eine vakliquide Patrixumgebung, Innerhalb dieser gibt es keine Gluonen. So kann die Verbindung zum Herkunfts-Energie-Paket abreißen. Das Quark wird zu einer Konformationsänderung veranlasst und verbleibt im Vakliquiduum, während das Restproton keine reproduzierbaren Oszillationen ausführen kann und schließlich zerfällt.

Ein Spontanzefall eines Protons ist bisher nicht beobachtet worden. Neutronen hingegen existieren statistisch gesehen 20 Minuten, wenn man sie sich selbst überlässt. Viele andere Quark-Arrangements haben noch wesentlich geringere Bestandszeiten.

Zusammenlagerungen verschiedener Anzahlen an Protonen und Neutronen hingegen können im Periodensystem der Elemente nachlesbare Existenz-Zeiten erreichen, die für die Erschaffung unserer Lebensumgebung ausgereicht haben. Aber auch hier fällt auf, dass der überwiegende Anteil an allen möglichen Nukleon-Gesellschaften an Zerfallskaskaden teilnimmt, deren prominentester Teil wiederum der radioaktive Zerfall mit seinen 3 Haupt-Facetten alpha- und beta-Zerfall sowie Gammastrahlung ist.

Wenn die drei Quarks lediglich zwischen sich die Patrix zu Vakma aufschweißen, erzeugen sie zentral zunehmend virtuelle Quarks, die zwischen den drei unterschiedlich colorierten Quarks energetische Brücken ermöglichen. Dies müssten Gluonen sein. Beim genauen Hinsehen ergibt sich im Konformationen-Modell die Frage, was hier laut Standard-Modell das Austauschteilchen ist. Hier sind Gluonen die Energiebrücken in quantisierter Größe und Farbladungskomposition. Dort sind die Quarks exakt orientierte und portionierte Energie-Flares im Orbit um den Gluonen-Pico-Stern. Ganz grob vereinfacht umkreisen die Quarks planetengleich oder als Monde ihr Zentralgestirn. Vielleicht kommt man weiter, wenn man die Quarks den Austauschquanten wie den Photonen, Gravitonen und Weakonen zugesellt und die Gluonen als Vakmatische Patrix ansieht.

Damit erklären sich die Vier-, Fünf- und Mehr-Quark-Systeme etwas anders. Zunächst scheinen diese Mehrteilchensysteme zu versuchen, einen energieärmeren Zustand zu gewinnen. Irgendwie zerfallen sie über ihre Imbalanzen zu bekannteren Baryonen oder Mesonen. Das Konformations-Modell erklärt, dass man unbewusst Gluonen-Bälle bearbeitet, über deren Größe und Eigenschaften man wenig weiß, deren Energie-Schleudern in Form von Quarks man aber im Visier hat, weil man danach sucht.

Dieser Mechanismus scheint auch der Stabilität oder der Suche nach dem Weg dorthin in den Atomkernen innezuwohnen. Wichtig dort ist die Anordnung der Gluonen-Bällchen im Inneren jedes Atomskernes. Die Energiedichte in allen Atomkernen aller Chemischen Elemente ist im Vergleich zu den gewaltigen Größenunterschieden aller Atomkern-Möglichkeiten ziemlich konstant. In verdichteten Atomkernen rücken also letztendlich quarkumhüllte Gluonen-Sphären zusammen. Mit einer Entartung der normalen Struktur beginnen zunächst Baryonen-Umwandlungen. Wenn weiter verdichtet wird, treten die gluonischen Inseln zunehmend in Wechselwirkung. Die beteiligten Quarks werden sich folgerichtig wie Mehr-Quark-Systeme verhalten, bis die Integrität der normalen Baryonenmaterie verloren geht. Wenn sich die ersten Gluonen-Bereiche vereinigen, hat dies Folgen für alle Kernbestandteile. Im einfachsten Fall spaltet sich der Kern in zwei Hälften. Konfluieren mehrere Gluonen-Kammern, kommt dies einem Konformations-Übergang gleich. Wenn die Umgebung nicht geeignet ist, dieses Vakma-Paket festzuhalten, zerreißt es die gesamte Kernstruktur und zertrümmert gleichsam auch die Umgebung.

Gewisse Ähnlichkeiten zur Supraleitung fallen auf. In Analogie zu den gepaarten, widerstandslos schwimmenden Elektronen können Gluonen als brückenbildende Paare oder Trios einen oder mehrere Gluonen-Seen innerhalb der Atomkerne bilden. Dabei ist nicht klar, was das metallische Atomgitter und was die Elektronen darstellt. Vielmehr können sowohl Quarks als auch Gluonen jeweils beide Rollen übernehmen. Damit bewegten sich die Quarks trifarbelektrisch widerstandsfrei zwischen den Gluonen, wie dies die Gluonen zwischen den Quarks vermögen. Das geschilderte Trifarb-Supraleitungs-Modell wiederum hilft möglicherweise, die Hochtemperatur-Supraleitung in organischen Sandwich-Molekülen besser zu verstehen.

Wenn man Schwarze Löcher als kompakte Räume voller Vakma modelliert, ruhen hinter diesem Vorhang die Strukturen, die die gewaltigen Gravitations-Wirkungen in unserer sichtbaren Welt hervorrufen. Alles außerhalb aller Schwarzen Löcher kann nur einen kleinen Beitrag zu den beobachteten Materiebewegungen beitragen, weil die unerhört starken Auswirkungen der Existenz von Räumen einer komplett andersartigen Patrixstruktur die Raumgeometrie unserer gewohnten Raumzeit überlagern. Die Gravitation aus dem Vakma deformiert alles zwischen sich dominant. Die im Vakmosphäruum geborene Gravitation ist auf kleineren Skalen bedeutsam. Im Vergleich zur Ersteren bleiben es Schlieren in der Raumzeit.

Die Starke Kernkraft wirkt nur innnerhalb dieser Enkluster oder in unmittelbarer Nähe ihrer Oberfläche mit deutlich exponentiellem Abfall ihrer Stärke mit zunehmender Entfernung von dieser. Anhand dieser Starkkraftwirkungen lässt sich zumindest teilweise auf die dort vorhandene Raumgeometrie schließen. In unserer gewohnten Perspektive von außen auf die Enkluster oder so weit hinein als möglich stellen diese steile vierdimensionale Kraftwirkungs-Trichter dar. Die Trichterwand wölbt sich nicht nach einer quadratischen Funktion wie im Gravitationsgesetz, sondern nach einer steileren exponentiellen, kubischen oder höherpotenzigen Funktion, so dass nur eine schmale, kugelschalenartige Deformationszone entsteht. Damit stellt sich ebenjene starke Kernkraft als die Folge der hypothetischen Deformation der vakmosphärischen Enkluster dar. Als erste Konsequenz folgte ein Zerfall der Raumgeometrie in zwei absolut getrennte Räume: Enkluster-Inneres und Enkluster-Umgebung.

Alle Masseteilchen sind aus dieser Sicht Quanten der Gravitation, die obendrein Substrukturen aufweisen, die sich aber erst bei wesentlich höheren Energien entäußern. Auch Enklusteransammlungen in großer Zahl, also Hyperstrukturen wie kosmische Gaswolken, Planeten, Sterne und Neutronensterne, Galaxien und deren Gruppierungen sind den Quanten der anderen Grundkräfte vergleichbare Austauschteilchen, vermögen sie doch Krümmungsäquivalente des Raumes fortzutransportieren. Im unendlichen All kann man demzufolge die Sterne verschiedener Größen, Sternenhaufen verschieden großer Sternenzahl und Ausdehnungen, Galaxien, Galaxienhaufen und – superhaufen bis hin zu einem ganzen Universoid und Universum-Superhaufen als Quanten der Gravitation verschieden großer Skalen bzw. Reichweiten ansehen. Diesem hierarchischen Quantenmodell entsprechend sind massetragenden Teilchen elementare Quanten der Gravitation, zusätzlich versehen mit unterschiedlichen Ladungen, Spins und anderen Eigenschaften sowie einer quantenstatistischen Dauer ihrer Existenz.

Klassifiziert man die rein vakmosphärischen Quanten der Gravitation, so gibt es von denen ohne Substruktur nur die elektrisch geladenen, quarkfreien Leptonen und ihre Antiteilchen sowie die Eichbosonen der schwachen Wechselwirkung. Falls die Eichbosonen eine Binnenstruktur besitzen, würden virtuelle Quarks und Antiquarks die ersten Kandidaten hierfür sein. Laut Konformationen-Modell sind die Weakonen abweichend von anderen Theorien durch ihre enorme Masse ebenso Quanten der Gravitation wie sie sämtlich Quanten der schwachen Wechselwirkung und die elektrisch geladenen obendrein zur elektromagnetischen Wechselwirkung befähigt sind. Bereits die zweiquarkigen Mesonen, die Dreiquark-Baryonen und sogar höherzahlige Quarkteilchen beherbergen zwischen ihren Quark-Arrangements, auch Vakliquiduum, sind also bereits wieder Quanten, die wie Atomkerne, Atome oder Planeten aus zwei Konformationen bestehen.

Das Quantenmodell der Gravitation ist komplexer als gewohnt und nicht auf einfachen kombinierbaren Prinzipien beruhend. Unter ihren wie willkürlich vorkommenden verschiedenen Massen verbirgt sich ein Ordnungsprinzip, welches analytisch sehr einfach sein kann, nach Lage der Dinge aber nicht ist, denn dann wäre es bereits offenbar geworden. Echte Quanten scheinen nur ein Teil dieser Wirklichkeit zu sein. Demzufolge akzeptiert man besser ein grundsätzliches Anderssein der Quanten der Gravitation oder sucht andere Klassifizierungsgrundlagen. Quarks und Gluonen bieten sich hierfür an. Bei einer Fortsetzung dieser gravitativen Hierarchie in eine weitere strukturelle Ebene unterhalb der Quarks bzw. oberhalb der Gluonenenergien unter Zuhilfenahme von Supersymmetrien bleibt fraglich, ob jene Quantenquanten dann überhaupt noch solche der Gravitation sind.

Alle Enkluster des Universums nehmen auf diese oder ähnliche Weise an der großen Reise innerhalb der im folgenden beschriebenen **Energiezyklen** mit ihren Konformationsübergängen teil. Dabei lenkt die Gravitationswirkung entsprechend der Raumgeometrie Massen aufeinander zu. Neu ist nun, dass Masseteilchen sozusagen raumzeit-leichter sind als das umgebende kosmische Vakuum. Sie drängen sich in Richtung oben zusammen. Ein im Alltag spürbarer Unterschied, ob sie als fallend wie bisher oder modellkonform hochgedrängt wahrgenommen werden, besteht nicht. In diesem kosmologischen Modell hier machen wir einen Bund mit der wirklichkeitsnaheren Annahme, dass wir die Bewegung der Materie zwar nicht ändern können, der Gravitationswirkung jedoch eine Komponente hinzugesellen, so dass wir Massen in vierdimensionale Raumzeit-Blasen zusammenfließen lassen, weil die physikalischen Eigenschaften der einbettenden Patrix plus die Raumzeit- Geometrie der Gesamtpatrix dies erzwingt. Dunkle Energieformen sind für eine Erklärung nicht mehr notwendig. Die Umkehrung der Gravitationswirkung vom Sog der Enkluster untereinander hin zum Herausschwitzen höherenergetischer Patrixbereiche in einen vierdimensional oben gelegenen Raum, in welchem sich sphärisch geformte Ansammlungen dieser Enkluster, auch himmelskörperartige Gebilde mit einem ausreichend hohen Anteil an höherenergetischer Konformation herausbilden können.

Auch hier gilt, je mehr Enkluster einbezogen sind, desto deutlicher wird der Unterschied zwischen herkömmlichem Denken über die „schwere" Schwerkraftwirkung und der neuen Annahme der nach oben drängenden leichten Schwerkraftwirkung. Wurde bisher angenommen, dass der aktive Teil die Masseklumpen im leeren, bestenfalls raumzeit-verzerrtem Raum sind, so geht die entscheidende Aktivität nun auf den Raum selbst über, der die in ihm umspülten Masseteilchen zu passiv reagierenden Raumzeit-Abkapselungen degradiert. Es bleibt natürlich die Frage, ob sie nun wirklich als absolut passiv anzusehen sind oder eine gewisse eigene andere Gravitationswirkung entfalten. Aus dem Modell kann man genauso gut ableiten, dass Enkluster wie bisher die klassische schwere Schwerkraft generieren, während das kosmische Vakuum zusätzlich die neueingeführte Leichtkraft-Wirkung verantwortet. Die effektive Schwerkraftwirkung oder allgemeinrelative Beschleunigungskraft wäre dann die Differenz bzw. Summe beider Gravitationsrichtungen. In einem

Universum mit überwiegender raumzeitlicher Ausdehnung des Vakliquiduums überwiegt natürlich die Leichtkraftwirkung, die jedoch noch größer wäre, wenn es keine Enkluster gäbe, die der Leichtkraft eine geringere Schwerkraft entgegensetzen. Ohne Enkluster jedoch würden wir nicht existieren und keine Leichtkraft-Wirkung bemerken können.

Die Energie für dieses Herumschubsen aller Enkluster liefert die sogenannte Dunkle Energie. Dabei sind wahrscheinlich die Mengen an strömender Energie wesentlich größer als bisher angenommen. Denn eine einfache Überlegung bis hierher würde nahe legen, dass die Dunkle Energie das Gegengewicht für die Dunkle Materie plus die nachgewiesene Baryonenmenge von lediglich 5% an der Gesamtenergie darstellt. Die uns vertraute Materie des Kosmos wäre dann nur die aus dem Energiestrom herausgefallene Form dieser Energie, gleichsam Energie, die aus irgendwelchen Gründen mehr, irgendwie abgebremst oder weniger lange auf das Abstell-Gleis geraten ist.

Zurück in den Strom der Dunklen Energien finden nur die Enkluster, die wieder zerstört oder umgruppiert werden. Hierzu ist es lediglich notwendig, an irgendeinem Wechselwirkungs-Ereignis innerhalb des beschriebenen Zyklusses teilzunehmen. Aus der Blickrichtung des Energiestromes innerhalb der Raumzeit sind also die gebildeten höherenergetischen Enkluster im Vakliquiduum nur Kräuselungen der Raumzeit. Innerhalb dieses Raumzeit-Schaumes gibt es jedoch Möglichkeiten, den Energiefluss so abzukapseln und auf sich selbst zu lenken, dass er von außen betrachtet zeitlich langsamer als der Dunkle Energiestrom fließt. Kann der lokale Energiefluss relativ zur umgebenden Patrixkonformation angehalten werden, entstehen stabile Masseteilchen oder Arrangements aus diesen. Stabile Atomkerne sind ein Beispiel, chemische Elemente aus Baryonenkern und Elektronenhülle weitere.

Unser Modell verbesserte sich, als es anstelle der Gravitations-Anziehung die gravitative Abstoßung von Massen übernahm. Der Weg, den die Massen gravitationsbedingt zurücklegen, bleibt jedoch derselbe. Sie bewegen sich im Raumzeitraun innerhalb einer Geometrie, die sie durch ihre Anwesenheit selbst modulieren. Über die Ursache des neueingeführten Auftriebs innerhalb des einbettenden Raumes kann man zunächst nur spekulieren, aber nach einer Analogie in der reinen Mathematik suchen. In der Topologie dreidimensionaler Räume gelangt man über die Betrachtung von Homöomorphien auch zu Räumen mit unterschiedlichen Krümmungen der verschiedenen Raumregionen. Bei der Untersuchung der Geometrisierung 3- und mehrdimensionaler Räume hilft der Ricci-Fluss, die endgültige Gestalt und v.a. die natürliche Geometrie dieses Raumes zu bestimmen. Dieser Ricci-Krümmungsfluss glättet Räume so lange, bis sie eine überall gleichmäßige Krümmung besitzen und so ihre wahre Gestalt erkennbar wird. In den Relativitäts-Theorien wird mit dem Riemannschen Krümmungs-Tensor operiert. Dieser selbst ist wiederum aus 6 Tensoren im Dreiraum und in höherdimensionalen Räumen mit noch mehr Richtungstensoren zusammengesetzt. Der Ricci-Tensor vereinfacht die Tensor-Komposition zu einer einzigen scalaren Größe des Krümmumgs-Tensors in genau einem Raum-Punkt. Alle diese Krümmungs-Scalargrößen belegen nun dicht den Raum. Die mathematische Überlegung für die Geometrisierung des Raumes ist nun recht einfach: Im Ricci-Tensor–Fluss ändern sich die Werte aller Raumpunkte geordnet von stärker gekrümmten Punkten zu schwächer gekrümmten. Der Krümmungsfluss läuft, bis alles die gleiche Krümmung hat. Man kann den Fluss auch umkehren. Dann entstehen immer stärker gekrümmte Raumpunkte, bis schließlich ein einzelner Punkt alle Krümmung auf sich vereinigt, während überall sonst im Raum der zugehörigen Umgebung alles flach ist. Hier stellt sich die Frage, ob dies im mathematischen Sinne noch Raum ist. Physikalisch ist es das sicher nicht. Der Raum würde hierbei implosionsartig in sich verschwinden. Um einem Lieblings-Begriff hierbei zu huldigen, könnte man auch sagen, dass er zusammenbreche.

Die aus baryonischer Materie und ihren Wechselwirkungen aufgebaute Welt, aus der wir auch selbst bestehen, existiert innerhalb und wie eingetaucht in die Welt des Stromes der Dunklen Energien. Diese Energie ruht nie. Für uns sichtbarer sind jene Strukturen, die jene Energie bewegt. Dies sind die nach einem Konformationsübergang in die energetisch höhere Konformation entstehenden Enkluster. Sie sind mehr oder weniger stabil, was sich an ihrer Zerfallszeit ablesen lässt: Je stabiler, desto länger die Zerfallszeit. Beobachtet man nun die Bewegungen und Umwandlungen aller Enkluster, lässt sich ein **Zyklus** beschreiben, an dem alle Enkluster und vielleicht ausnahmslos alle Energieformen des Universums teilnehmen.

1. **Enklusterbildung:** Eine lokale Anreicherung von Energie in einer Konformation erzeugt Enkluster, die sofort wieder unter Energieabgabe in die Umgebungs-Patrix zerfallen können oder, um am Energiezyklus teilnehmen zu können, ab einer Schwellenenergie-Differenz zur einbettenden Konformation stabil bleiben und sich zu Gruppierungen reeller Teilchen nach eigenen Gesetzen zusammenlagern können.

2. **Akkumulation:** Die Enklusteransammlungen zeigen eine Tendenz zur Vergrößerung und führen damit zu einer Erhöhung der lokalen Energiedichte. Die einbettende Konformation erfährt eine als Gravitation oder Elektromagnetismus wirksame Deformation, die direkt proportional zu Anzahl und Dichte der Enkluster ist. Ohne diese

Enkluster-Anreicherung verharrt der Zyklus und startet nicht. Dabei folgt der Strom der Enkluster der sie umgebenden Raumzeit-Geometrie, die diese Akkumulation auf einen Projektionspunkt einer Singularität in der Raumzeit richtet.

3. **Enklusterzerfall:** Ab einer kritischen Energiedichte bzw. ab dem Überschreiten einer als Starke oder Schwache Kernkraft wirksame Deformation der Enkluster vor dem Erreichen einer Singularität bzw. von Singularitäten hinter einem Ereignishorizont setzen Wechselwirkungsprozesse zwischen den Enklustern ein, die letzten Endes einer Konfluenz der Enkluster gleichkommen. Kurzzeitig bzw. virtuell entstehen aus diesem Konfluat in der Patrix instabile Bereiche einer höherenergetischen Patrixkonformation, die der dort herrschende, für diese Konformation typische Gravitationsdruck auseinanderreißt und wieder unter Quantelung in Enkluster oder in Form wellenartiger patrixgebundener Energieformen delokalisiert in die Patrix verteilt. Der Zerfall der Enkluster unter Entropiezunahme nach dem Zweiten Hauptsatz der Thermodynamik ist einer der wichtigen Merkmale für das Existieren des Zyklusses, nämlich der zwingende Konformations-Wandel von der höherenergetischen in die niederenergetische Konformation oder den Ortswechsel höherenergetischer Quanten hinein in die Tiefen der niederenergetischen Umgebungs-Patrix.

4. **Dissipation:** Wie weit diese Verteilung der Energie erfolgt und ob sie stattfindet, hängt vom Grad der Interaktion sowohl der Krümmung bzw. Deformation der Umgebungs-Patrix als auch der der Enkluster ab. Felder erleichtern die geordnete Energieausbreitung. Es kann in diesem Teil des

Zyklusses bereits zu Kurzschlüssen kommen oder Subzyklen kommen in Gang. Der Mechanismus der Dissipation transportiert die Energie der Enkluster zentrifugal in der Raumzeit und modellkonform gravitativ nach neu-unten.

1. **Der Zyklus beginnt von neuem.**

5. Die vier beschriebenen Teile des Zyklusses können sowohl nacheinander als auch neben- und ineinander ablaufen. Er kann in seiner Gesamtheit auch Gegenstrombewegungen sowie Kurzschlüsse beinhalten. Der Raumzeitraum wälzt in sich selbst.

Für die mathematische Darstellung der gravitativen Bewegung im Universum sind die Gleichungen der Allgemeinen Relativitätstheorie ein Ausgangspunkt. Als eine weitere Ausgangsplattform wird die Herangehensweise gewählt, die dem Beweis der Geometrisierungs-Vermutung für dreidimensionale Räume gedient hat. Jener mathematische Beweis bildete den Schlussstein an einem Gedankengebäude, welches in Analogie zum Klassifizierungs-Theorem in zweidimensionalen Räumen, also Flächen, erst gefunden wurde, nachdem die Geometrisierung von allen Riemannschen Räumen mit mehr als vier Dimensionen und schließlich separat für genau 4 Dimensionen gezeigt werden konnte.

Es gibt zunächst viele Gründe, unser Universum für einen regulären Drei-Raum zu halten. Einstein zeigte, dass eine Beschreibung im vierdimensionalen Raum exakter ist, wenn relativistische Bewegungen untersucht werden.

Der Zyklus im Konformationen-Modell scheint ein Zusammenspiel sich verschieden entwickelnder Raum-Geometrien zu sein. Dabei sind Flüsse der Raumgeometrie innerhalb einer topologisch abgrenzbaren Zone wahrscheinlich ganz normal. Und diese Flüsse der Geometrie sind dann die treibenden Kräfte für alle Relativbewegungen im Universum.

Die Allgemeine Relativitätstheorie bemüht für die Berechnung der Raumkrümmung den Riemannschen Krümmungstensor, der aus 6 einzelnen richtungsabhängigen Krümmungstensoren des dreidimensionalen Raumes errechnet wird. Aus diesem wiederum kann man einen Krümmungstensor berechnen, der gleichsam als ein Mittelwert an jedem Raumpunkt besteht. Punktkrümmungen im Raum mit einem scalaren Krümmungswert im sog. Ricci-Tensor kann man fließen lassen wie einen Strom oder wie die Temperatur, die gravitative Einheits-Krümmung fließt allerdings nicht zu Tal, sondern modellkonform auf einen gravitativen Gipfel. Dabei fließen nicht die Punkte des Raumes. Es fließt die mathematisch abstrakt von Punkt zu Nachbar-Punkt weitergegebene Krümmung des Punktes. Der Punkt bleibt dort, wo ihn die Modellierung des Raumes hinprojiziert.

Voraussetzung für ein Anlaufen eines Zyklus ist stets ein Energiegradient innerhalb einer einzelnen Konformation. Derartige Zyklen sind vergleichbar der Gasströmungen in Planetenatmosphären oder der Plasmaströmungen in Sternenschalen. Auch ein geringer Anteil anderskonformatorischer Patrix vermag einen solchen stabilen Zyklus nicht wesentlich zu verändern. Erst ab einer kritischen Dichte mit damit verbundener Ansammlung überkritisch werdender Enklustermengen verlässt die Zyklusenergie ihr ursprüngliches Raumgebiet und pflanzt sich in den Nachbarraum fort.

Viele Zyklen werfen sich auf diese Weise Energie zu. Folglich optimieren sich benachbarte Zyklen in ihrem Energiegehalt solange, bis sie statistisch gesehen die gleiche Netto-Energiemenge binden und damit einen maximalen Entropiewert auf der Skalengröße der einbezogenen Zyklen aufweisen. Innerhalb der Zyklennetze bewegt sich also immer Energie dorthin, wo welche fehlt. Somit wird vorausgesetzt, dass ein zur Mobilität der Energie befähigter Zyklus nur startet, wenn sich darin eine überkritisch zu nennende Menge an Enklustern angesammelt hat. Die quantenstatistische Erzeugung jener Enkluster hängt beispielsweise im Vakliquiduum von zwei Faktoren ab. Erstens bestimmt natürlich die Gesamtenergie der vakliquiden Konformation innerhalb eines definierten Raumsegments die Rate der spontanen Entstehung baryonischer oder leptonischer Materie in direkt proportionaler Abhängigkeit. Zweitens müssen die vorhandenen vakmosphärischen Enkluster Dichte-Zentren bilden können, die innerhalb dessen energetische Prozesse zünden, um die Energie auch zu bewegen.

Damit pendelt die Energie innerhalb einer offenen abstrakten Raumzeit-Zelle zwischen Akkumulation und Dissipation, hochgradiger und geringerer Lokalisation oder schwacher und maximaler Nichtlokalität, bis sie theoretisch vollständig in die einbettende Konformation verteilt ist. In Relation zur Umgebungskonformation ist eine lokale Energiekonzentration stets auch ein Sprungbrett, über welches sich Energie speziell als Massen in der Raumzeit fortbewegen und damit auch von Zyklus-Zelle zu -Zelle wandern kann.

Ebenso wie sich die Energie in einem elektromagnetischen Schwingkreis unter ständigem Wandel der Form eines elektrischen oder magnetischen Feldes fortbewegt, in einem mechanischem Pendel einen periodischen Formwandel durchläuft, unterliegt sie im Kosmos, der im beobachtbaren Universoid eine Enkluster-Patrix-Komposition aus rund 5% baryonischem Vakmosphäruum in 95 % Vakliquiduum-Vakuum darstellt, dem ständigen Wechsel von Bildung höherenergetischer Enkluster innerhalb einer bestimmten Patrixkonformation und der gravitativen Zerstörung dieser Enkluster mit einer wellenartigen oder quantisierten Zerstreuung der Energie in die einbettende Konformation hinein. Ein Prozeß der raumzeitkrümmenden Energiekonzentration wird von einem Prozeß der raumglättenden Energieverteilung in den Raum abgelöst, der die ungestörte Geometrie des Raumes reformiert. Beide Prozesse oder Teile davon können nacheinander, nebeneinander bzw. raumzeitlich ineinander ablaufen. Der skizzierte Zyklus ist nicht an ein unveränderliches Raumsegment gebunden. Vielmehr erlaubt er, dass sich Energie in Form gravitativ wirksamer Raumzeitdeformationen einschließlich Massen während ihrer Wandlungen in diesem Zyklus über kosmische Entfernungsskalen im Vakliquiduum fortbewegen kann. Mehrere benachbarte und ähnliche Zyklen können gravitative Wellenfronten formen.

Der postulierte Zyklus läuft um so schneller ab, je mehr Energie involviert ist und je dichter die Energie gepackt ist. Die Geschwindigkeit im Zyklus ist proportional zur Patrixdeformation. Es gibt keine strenge räumliche Abgrenzung der zyklisch kreisenden Energie in einem solchen Zyklus. Energiemengen können abwandern, andere hinzukommen. Kleine und große Zyklen wälzen nebeneinander und ineinander, mit und ohne Energieübertritt zwischen sich. Entscheidend für die Energiebewegung ist allein der regelmäßig wiederkehrende Wandel ihrer Form, wovon die Masse eines Teilchens nur eine Sonderform ist. Übersteigt die Geschwindigkeit seines Ablaufes die Möglichkeiten des Systems, die eigene Integrität zu erhalten, verzweigt der Energiestrom in mindestens zwei Teilzyklen oder er gibt so viel Energie aus dem Zyklus ab, dass der Ursprungszyklus wohlquantisiert mit einer verbleibenden Energiemenge weiterlaufen kann. Jene exportierte Energie gelangt in die Nachbarzyklen und belebt deren Kreislauf. Die Größen der Energiezyklen werden auch von der einbettenden Umgebungskonformation beeinflusst, so dass die Größe und Geschwindigkeit jedes Zyklusumlaufes aus der wechselseitigen Beeinflussung der beteiligten Konformationen optimiert wird. Wird ein Zyklus infolge überkritisch werdendem Netto-Zustrom an Energie ohne Chance für einen gleichschnellen Export instabil, explodiert er einfach. Beim sogenannten Urknall handelt es sich wohl um einen solcherart destabilisierten Zyklus, innerhalb dessen wir leben, beobachten und erkennen. Die theoretischen Konstrukte einer Inflation nach jener Urexplosion treffen zumindest dahingehend zu, dass unser Universoid in die benachbarten Universoide hineinschießt. Hierbei dehnt sich das Vakliquiduum raumzeitlich aus und bedrängt die angrenzenden Universumbrocken, die vakmosphärischen Encluster und wellenmechanischen Anregungen inform elektromagnetischer Strahlung sowie Neutrinos und deren Oszillationen dringen in die angrenzenden Universoide vor, um Teil der dortigen Zyklen zu werden.

Voraussetzung für den Anschub eines zeitlich zurückprojizierten allerersten idealen Zyklusses in einem wohl niemals dagewesenen, ruhendem Uruniversum im mechanistischen Sinne wäre eine einzige zufällige Quantenfluktuation in der unermesslichen Weite des Alls. Von diesem sich selbst verstärkenden Zyklus stammten dann alle heutigen Bewegungen ab. Bei quantendynamischer Betrachtung ereignen sich in der Realität ständig und überall Fluktuationen mit zunehmender Häufigkeit in energiereicheren vakliquiden Raumregionen.

Liefert dieser abstrakte Zyklus mit seinen verschieden scalierten Wälzungen gleichsam die energetische Basis, das was Alles durchströmt, so ist für uns und unsere evolutionär entstandenen Wahrnehmung der Welt gerade das das Grundgerüst alles Seienden, was innerhalb der Zyklen eher wie aus dem Zyklus herausgenommen erscheint. Stabile Elementarteilchen, langlebige Verbunde aus diesen, erkaltete Himmelskörper beispielsweise verharren im Zyklus, sind wechselwirkungsfrei wie aus der Zeit gefallen scheinbar ewig stabil. Das liegt in erster Linie daran, dass alle Lebewesen aus stabilen Strukturen aufgebaut sind, die zumindest so lange dem Zyklus fern bleiben können, solange sie nicht Kopien ihrer selbst dem Forteilen der Umgebung entgegensetzen. Je mehr unsere Umgebung unserem eigenen Körperaufbau ähnelt, desto länger bewegen wir uns mit gleichem Tempo Seite an Seite durch die Welt. Energieprozesse in den ungezählten Mikro- und Nano-Zyklen aller Lebewesen mögen mit unerhörten Geschwindigkeiten in diesen kreisen, sie bleiben jedoch zumindest für die Lebenszeit wie auf sich selbst gelenkt aus dem riesigen Zyklus des Weltalls abgezweigt.

Die Energiezyklen sind offen, Lebewesen sind energetisch offen. Damit ähnelt lebende Materie dem hier beschrieben Universum mehr, als die gewohnte hermetische Betrachtung wie im 1. Hauptsatz der Thermodynamik. Die modellhafte Abstraktion geschlossener Energiemengen ist hierin ein Sonderfall, gleichsam eine angehaltene Wirklichkeit, um damit besser rechnen zu können.

Für unser heutiges, raumbelegend überwiegend vakliquides Universum ergeben sich aus den allgemeinen fünf regelhaften Etappen des Zyklusses die folgenden Merkmale:

1. Die Energie der Patrix oszilliert in einem sich selbst optimierenden Kreisprozess. In jenem Zyklus durchläuft sie ständig die zwei Extreme einerseits vakmosphärischer massenbehafteter Elementarteilchen und deren Arrangements sowie andererseits masseloser, virtuell massiger bzw. geringmassiger Fluktuations-Energie im Vakliquiduum, die sich mit bis zu relativistischer Maximalgeschwindigkeit c fortbewegen kann. Energie kann gravitative Gipfel nur in Form von Quanten verlassen, auf die die Gravitation so

wenig als möglich oder nicht einwirkt. Durch ihre Masse in solchen Raumzeit-Schalen gefangene Enkluster-Ansammlungen „zerquetscht" die wie ein deformatorischer Gravitationsdruck lastende Krümmung des Vakliquiduums.

2. Der aus didaktischen Gründen als Zyklus bezeichnete und zunächst als nacheinander ablaufender und beschriebener Prozess hat die Besonderheit einer in sich selbst wälzenden Gegenstrom-Bewegung mit den Möglichkeiten von Kurzschlüssen, Abkürzungen und Kreuzungen. Die der Gravitation gehorchenden Energieformen drängen aufwärts zu vierdimensionalen Raumzeit-Verdichtungen, um dort nach einem Konformationsübergang gleichsam gravitativ gefiltert als minimal gravitative oder nichtgravitativ wechselwirkende Energieform abwärts der Raumzeit-Krümmung entkommen zu können. Während die modellkennzeichnende, zentripedale Aufwärts-Bewegung nur ausnahmsweise ein geradliniger Hub auf einer vierdimensionalen Weltlinie ist und normalerweise eine langsame Annäherung an einen zentralen Gravitationsgipfel auf spiraligen Umlaufbahnen nahe geschnittenen mathematischen Kegelmänteln darstellt, folgt die zentrifugale Abwärtsbewegung der Energieformen der gekrümmten Raumzeitgeometrie um so unbehinderter, je kleiner ihr Masseäquivalent ist, so dass massefreie oder nahezu masselose Energien weltengeradlinig und unter relativistischen Maximal-Geschwindigkeiten forteilen. Je ausgeprägter die Welleneigenschaften der den Gravitations-Peaks entfliehenden Quanten, desto weniger sind sie gravitativ gebunden.

3. Wie in der Quantendynamik können die Zyklusteile Enklusterbildung, Akkumulation, Enklusterzerfall und Dissipation gleichzeitig und im gleichen Raumbereich neben-

und ineinander ablaufen. Hierbei entstehen Möglichkeiten der Wechselwirkung zwischen einzelnen Zyklusteilen, die zunächst nicht wie einem Zyklus zugehörig anmuten können. Besonders in Kreisläufen mit Anhäufungen von Energieäquivalenten sind die weniger energiebestückten Zyklusteile eher unscheinbar und kaum strukturbildend. Erst bei der evolutionären Betrachtung des gesamten Zyklusses in einem angemessen langandauernden Beobachtungszeitraumes offenbart sich der gesamte Kreislauf aller Energieformen.

4. Der Zyklus in seiner allumfassenden Gesamtheit kann nur in eine Richtung laufen. Er wird nur in diese Richtung gefördert, in welcher sich Energieformen räumlich bündeln lassen, um in einem Raum einer sphärischen Anreicherung um sich herum die Raumzeit krümmend zu deformieren. Es ist die wahrscheinlich scheinbare Eigenschaft von Energie im Universum, einen zunächst singulären Raumpunkt zuzustreben, um auf diesem Wege die Raum-Zeit-Struktur durch Überschreiten eines Grenzwertes zu zerstören. Bei jener Zerstörung des Raumgebietes mit dem höchsten Energieeinstrom verlässt die Energie ihre bisherige Struktur und kehrt gewandelt in die Struktur der Raumzeit zurück. Sie verteilt sich zentrifugal in die Umgebung, indem sie in die Raumzeit hinabtaucht.

5. Beim Blick in die Raumzeit hinaus liegen alle Ereignisse um so weiter in der Vergangenheit, je weiter sie räumlich von uns entfernt sind. Es ist keine Blickrichtung dadurch ausgezeichnet, dass sie uns eine Sicht in die Zukunft gestattet. Der Ausblick in die Zukunft läge so, dass man aus der Raumzeit zurück auf uns integrativ von vielen Raumzeitpunkten aus gemeinsam blicken müsste. Die gleichzeitige

Projektion von einer Vielzahl an Abbildungs-Trägern aus träfe eine subjektive und singuläre Zone in unseren Konstituenten. Das Problem hierin läge an der Kommunikation aller hypothetischen Ommatide dieses zukunftsehenden Komplexauges untereinander.

6. Die Frequenz dieses Akkumulation-Konzentration-Dissipation-Kreislaufes ist direkt proportional der involvierten Energie- bzw. Masse-Äquivalente. Das Vakliquiduum hat in diesem Zyklus scheinbar das Betreben, Raumzeitdeformationen zu laminieren, indem Enkluster, Raumkrümmungen und andere Masseäquivalente aus der Patrixstruktur hin zu gravitativen Projektions-Räumen herausgedrückt werden. Je massiver sich ein solches gravitatives Monopol in der Raumzeit deformieren lässt, um desto höhere Frequenzen und Amplituden oszilliert das Krümmungs-Äquivalent, desto schneller „rennt" die Walze in sich selbst. Die Deformations-Oszillation klingt wie eine gedämpfte Schwingung ab, wenn mehr Energie den Gravitationsverbund verlässt als in ihn stürzt. Die Oszillation steigert sich bis zur explosiven Selbstzerstörung, wenn der Energieeinstrom überkritisch wird. Nur im Gleichgewicht aus Ein- und Abstrom krümmungsäquivalenter Energie pulsiert der Raumzeitraum im Zyklus harmonisch.

7. Die Gesamtheit höherenergetischer, massebehafteter Enkluster folgt einer Bewegung, die zu einer Akkumulation dieser Enkluster führt. Geringere Energiemengen lenken sich in größere Kreisläufe. Die Folge dieser Akkumulation ist eine Konzentration von Enklustern mit ansteigender Intensität der Wechselwirkungen untereinander bis zu einem Grenzwert, in deren Gefolge eine Dissipation der Energie der Enkluster einsetzt. Konzentration und Dissipation

existieren immer gleichzeitig. Im Laufe der Zeit setzt sich der Zyklus mit dem größten Energiegehalt dadurch durch, dass er alle anderen Zyklen, die ihm begegnen, aufnimmt. Die Energie im Kreisprozeß akkumuliert sich jedoch nur bis zu einem aus der Koexistenz beider Konformationen sich optimierenden Grenzwert der Raumzeitdeformation. Übersteigt die Energiedichte zu irgendeinem Zeitpunkt im Zyklus bei der Akkumulation einen kritischen Wert, verzweigt sich der Zyklus in energetisch weniger dichte Teilzyklen und kann in jenen weiterlaufen oder er wird in einer explosiven Selbstzerstörung beendet.

8. Das sogenannte Messproblem in der Quantenmechanik ist die Zusammenführung zweier Einzelzyklen zu einem einzigen dann weiterlaufenden Zyklus mit neuen Eigenschaften. Dabei besteht von Vornherein eine energetische Asymmetrie beider Ausgangszyklen. Der Versuchsaufbau als viel größerer Einzelzyklus liegt in der uns gewohnten, analogen und anschaulichen, ja überwiegend mechanischen Physik. Das zu untersuchende Phänomen wurzelt in der Quantenwelt und ist ein domestiziertes Zykleinchen, künstlich erzeugt als Modell für die Prüfung. Die Messung integriert das Zyklein in den Zyklus der Messapparatur und lässt die Wellenfunktion bei der Ortsbestimmung diesmal mit Überlichtgeschwindigkeit kollabieren. Anders gesagt, verschmilzt die um Skalen kleinere Quantenwelt mit der im Vergleich riesengroßen Apparatur, zu der eigentlich der beobachtende Mensch mit dazugehört. Im Konformationenmodell ist das Kollaps-Postulat eher ein Vereinigungs-Postulat zweier oder auch mehrerer Zyklusteile aus Energieströmen deutlich unterschiedlicher Skalengrößen.

Dieser modellkonforme Zyklus läuft natürlich auch in der Welt der Vakmatischen Enkluster in der vakmosphärischen Einbettung. Allerdings ist dies bereits der Raum innerhalb von Baryonen und Mesonen sowie innerhalb Schwarzer Löcher jeglicher Größe.

Es wird postuliert, dass sich so wie in Atomkernen die Nukleonen mit größer werdenden Ordnungszahlen in Schalen anordnen, auch in Neutronensternen Schichten mit zunehmender Entartung der Neutronen-Packungen herausbilden. Bisher unbekannte Enkluster-Anordnungen und -Arten sind möglich. Der Sprung bis zur Entstehung großer eingeschlossener Kerne ausschließlich aus Vakmosphäruum ist in einem Neutronenstern am naheliegendsten zu vermuten. Es ist nicht ausgeschlossen, dass es Neutronensterne gibt, die in sich einen stabilen vakmosphärischen Kern verwahren. Noch wahrscheinlicher wird ihre Existenz in den Quasaren der aktiven Galaxiszentren oder Zentralregionen von Galaxienhaufen. Jene Kerne könnte man im Konformationen-Modell konsistent wahlweise als Schwarze oder Weiße Löcher ansehen. Ein Beobachter innerhalb jenes Loches bezeichnet es als Weißes, einer von außerhalb wegen des Ereignishorizontes als Schwarzes Loch. Sie unterscheiden sich von den bisher vorausgesagten Schwarzen Löchern dahingehend, dass sie mit dem kosmischen Vakliquiduum nicht über eine freie Oberfläche in Kontakt kommen, sondern mit einer Zwischenschicht entarteter Neutronen oder mehreren davon umhüllt sind. Zusätzlich wird angenommen, dass es schalenartige Anordnungen verschiedener Raumzeitmetriken gibt. Es grenzt also nicht pures Vakliquiduum an pures Vakmosphäruum. Vielmehr bringen beide Konformationen mehrere Zwischenbereiche zwischen sich, die sich durch ihren Anteil beider Konformationen unterscheiden. Dort in der Hülle, wo sich auch eine Phasenumkehr ereignen kann, grenzt sich die Loch-Oberfläche ab. Die schalenartige Anordnung in der Tiefe des Schwarzen Loches entsteht durch sprungartige

Änderung der Patrixstruktur bei zunehmender Energiedichte in Richtung Loch-Zentralbereich. Irgendwo beginnt dann ein Kernbereich, wo der Anteil an Vakmosphäruum zumindest dominiert, bis ein noch kleinerer Kern aus reinem Vakmosphäruum erreicht werden würde. Ein Neutrinostrom aus diesem Kern muss dann nicht immer nachweisbar sein, weil die Grenzfläche aus dem Vakmosphäruum in das Vakliquiduum stabil wäre. Andererseits verlassen vielleicht bisher unbekannte und daher nicht aufgefundene Neutrino-Sorten diesen vakmosphärischen Kernbereich. Innerhalb jener postulierten vakmosphärischen Universoide wartet die Physik der Vakmatischen Enkluster auf ihre Beschreibung. Für uns sind diese reinvakmosphärischen Kerne optisch verborgen. Gravitativ jedoch haben sie eine ungeheuerlich große Auswirkung. Sie krümmen die Raumzeit um sich gewaltig. Ihr Einfluss auf die Bewegung aller Himmelskörper um sie herum ist beobachtbar und gebar die Verwunderung über die gewaltige Differenz zwischen den Strahlen- und Schwere-Quellen.

Reste von Sternen oder Schwarzen Löchern in diesen Entwicklungszyklen ruhen, finden zu einem anderen Stern oder Schwarzem Loch, verschmelzen miteinander in Mehrfachsternen-oder Mehrfach-Loch-Systemen und die höhere vereinte Masse startet die zyklische Akkumulation erneut. Massen sind stets unterwegs, rastlos beschleunigt, bewegen sich auf den vorgezeichneten Weltlinien der sie umgebenden Raumzeit letztendlich immer gravitativ neu-aufwärts und sammeln sich innerhalb eines durch die vakmosphärischen Massen selbst um sich schließenden Ereignishorizontes, dem je nach der in ihm umzingelten Energie- bzw. Massemenge, ihrer Dichte und ihrer Eigenbewegung langsame Atome zunächst noch entkommen können. Steigt die Massedichte, müssen vakmosphärische Enkluster eine zunehmende Entweichgeschwindigkeit entwickeln, um das Schwerefeld verlassen zu können, bis schließlich wie bei einem sogenannten

Schwarzen Loch auch die Strahlung gefangen bleibt. Schließlich dringen nur noch Neutrinos nach außen. Eine gewaltige Massenkonzentration, aus der gar nichts mehr herausdringen kann, ist gleichsam ein Hyper-Quant der Gravitation. Er wechselwirkt nur noch über das Gravitationsfeld bzw. die deformierte Raumzeitstruktur. Er könnte quasiewig stabil bleiben, wenn ihm auf seinen Weg durch das unendliche All keine anderen Energieformen begegnen würden. Diese würde er begierig aufsaugen und so massesammelnd irgendwann eine Energiedichte erreichen, die die Raumkrümmung der Umgebung nicht mehr bändigen kann. Der Massequant zerreißt dann und setzt den bekannten Energiezyklus fort. Die aus den Quantenfeldtheorien geborenen Gravitonen und Higgs-Felder samt –Teilchen widersprechen dem Konformationen-Modell nicht prinzipiell, weil es mit diesen leicht zu erweitern wäre. Der Widerspruch besteht nur darin, dass ihre postulierten Wechselwirkungs-Energien hier im Konformationen-Modell dem Vakmosphäruum oder Vakma zugehörig sind. Damit existieren sie während verschiedener Urknall-Szenarien tatsächlich. Heute jedoch fernab eines Beginnes einer derartigen Raumzeit-Lawine sind sie zerfallen. Die vermutete dunkle einschließlich der kalten Materie entzieht sich ihrer Entdeckung wohl deshalb, weil die gewohnten Quanten-Modelle für diese nicht zutreffen. Versucht man, die Deformationen, Felder, Tensoren und Energie-Portionen auf das kosmische Vakliquidum anzuwenden, ergeben sich vakliquide Quanten nahezu beliebiger Volumina, die sich von ihrer vakliquiden Umgebung nur durch eine verschwindend kleine Energiedifferenz unterscheiden müssen. Was soeben noch Quant war, wird zu einer Einbettung der gleichen Konformation, und umgekehrt. Die Energiedifferenzen können so gering sein, dass echte Grenzmembranen nicht existieren. In sich verschachtelte Quanten und Bereiche gleicher Innerer Energiegehalte erzeugen ein räumliches Energierelief, vergleichbar den Isothermen in Gas- und Flüssigkeits-Hüllen der

Planeten und Sterne. Fernab der Möglichkeit eines Konformationsüberganges infolge einer Fluktuation erscheint das ganze von außen wie das leere Quantenvakuum unseres Kosmos. Dies schließt nicht aus, dass sich zufällig irgendwo doch eine Fluktuation bis zur Bildung eines Enklusters aufbauen kann. Um jenen Enkluster wird sich sogar ein energieärmerer sphärischer Halo bilden, den man als der Quantenidee verhaftet sogar als vakliquiden Quant der dunklen Materie ansehen könnte. Entsprechend dieser Deutung der Existenz einer dunklen Materie ist der kosmische Mikrowellen-Hintergrund mit seinen verschieden starken Fluktuationen auf den unterschiedlichen Skalen das summarische Abbild der von unserem Beobachtungspunkt aus messbaren Unterschiede in der Inneren Patrixenergie des kosmischen Vakuums. Die Skalen mit den stärksten Abweichungen weisen auf die bevorzugte Größe der vakliquiden Hyper-Quanten hin und lassen ahnen, aus Körnern welcher Größe unser Universum aufgeschüttet wurde. Nebenbei gelangt man zu der Schlussfolgerung, dass eine 2,7-Kelvin-Patrix sich selbst zu Kompartimenten einer begünstigten Größe strukturiert, die aus der Sicht einer übergeordneten Hierarchie-Ebene wie ein Quant derselben anmutet.

In Raum-Zeiträumen, die Jahrmilliarden mal Billiarden Lichtjahre umfassen, passt sich die Strahlungintensität einer definierten Sternen- oder Galaxienmasse dem Gravitationsdruck jedes Universoids und seiner Änderung an. Der Energiezyklus beschreibt hierin, wie und wie schnell sich Massen und ihre Äquivalente dabei bewegen. Der Strahlungsexport aller Sterne vergrößert die Energiedichte des kosmischen Vakuums und bewirkt dessen Expansion. Diese Expansion wiederum senkt den Gravitationsdruck auf die Sterne, weil sie diese auseinanderrückt. Der kleiner werdende Gravitationsdruck verringert die Strahlungsausbeute der Sterne. Die Expansion des Vakliquiduums verringert sich, um schließlich ganz anzuhalten. Fehlt der Nachschub, impandiert der Kosmos plötzlich solange, bis die Sterne wieder strahlen. Solche Pendelströme setzen sich so lange fort, bis an einem theoretischen Endpunkt alle Masse zerstrahlt ist und das Universum eine maximalmögliche Ausdehnung erreicht hat. Selbst bei einer Energie-Ausdünnung auf ein absolut energieärmstes Vaksoliduum bliebe im Konformationen-Modell eine Restenergie als strukturelle Innere Energie entsprechend des dritten Hauptsatzes der Thermodynamik erhalten, innerhalb derer es zu quantenstatistischen Fluktuationen kommen wird.

Einmal angestoßen, läuft der Energiezyklus in unserem Kosmos ewig und allgegenwärtig. Strukturen, die innerhalb dieses Zyklusses stabil bleiben und keine wesentliche Formänderung durchlaufen, reichern sich zwangsläufig evolutionär darin an. Es genügt bereits, wenn die Bildungsrate stabiler Masseteilchen beispielsweise über ausreichend große Zeiträume ständig die Zerfallsrate überwiegt. Die Verweildauer isolierter Protonen und Elektronen sowie Atome aus diesen Konstituenten ist im Vergleich zu isolierten Neutronen, kurzlebigen Baryonen und Mesonen quasi-ewig. Stabile baryonische Materie lässt sich anschaulich mit Schnee vergleichen, der so lange auf gefrorenem Boden liegen bleibt, solange Frost herrscht, oder mit Schaum auf den Kämmen der Meereswogen.

Unser Universum besteht scheinbar nur zu einem sehr kleinen Anteil aus Antimaterie. Wir Menschen wie alle biologischen Wesen nähern uns dem Aufbau des Universums über die Erkenntnisse über unseren eigenen Aufbau, in welchem Antimaterie nur in Spuren vorkommt. Das Alles, was wir heute Materie oder Nichtantimaterie nennen, ist mehr zyklusfähig. Die Materiezyklen sind ganz einfach aus langlebigeren Zyklus-Teilen aufgebaut als die der Antimaterie, die sich zu riesigen Energieströmen vereinigen können, während die Bewegung der Antimaterie vielleicht nur ein Nebenzyklus, ein kleines Wegstück oder gar keiner ist.

Die tiefe Asymmetrie in den Zerfallskaskaden der Enkluster, je energiereicher diese sind, begünstigt die Weichenstellung in die Materie bei jeder Passage dieses Zyklus-Flaschenhalses oder -Nadelöhrs. Die vorliegende Anreicherungsthese unserer nichtantimateriellen Welt steht im Gegensatz zur Neutralisierungs-Epoche des Urknall-Szenarios, in der letztendlich nur ein geringer Rest nichtantimaterieller Substanz das Rennen macht, wenn man beide Modelle gleichrangig gegenüberstellt. Im Konformationen-Modell haben beide Erwägungen Platz. Während jedoch ein Urknall-Universum immer auf eine Geburtszeit zurückgerechnet werden kann, besteht ein reines Anreicherungs-Universum seit ewigen Zeiten und verändert beständig seine Zusammensetzung. Mehr noch, ein Urknall-Universum ist eine Energiegesellschaft mit beschränkter Haltbarkeit, welche vor ihrer Existenz als Energie in einem oder mehreren Protouniversen unterwegs war. Die ständige Abfolge von Mini-Urknallen wie in den Sternen-Generationen ebenso wie Urknalle von Universen ist vielmehr ein Teil des postulierten Anreicherungs-Prozesses der materiedominierten Welt. Das Konformationen-Modell favorisiert demzufolge eine unendliche Vergangenheit und Zukunft, so wie eine unendliche räumliche Ausdehnung des Kosmos. Urknalle der verschiedensten Größen haben es geformt. Wir sitzen und beobachten in den uns nächsten und für uns größten Urknall, wo denn sonst?

Bei vielen Teilchenumwandlungen wie auch bei Sternenexplosionen entstehen große Mengen an Antineutrinos. Diese Antineutrinos sind für direkte Wechselwirkungen mit Quanten auf Antimaterie-Teilchen angewiesen und würden bei deren Fehlen gleichsam ins Leere laufen. Damit blieben sie in Energie-Wandlungs-Prozessen ziemlich unbemerkt, auch wenn sie vielleicht in riesiger Zahl und demzufolge als bedeutsames Masseäquivalent nur durch ihre Anzahl bei verschwindend kleiner Einzel-Masse existieren. Diese Antineutrinos gibt es ziemlich wechselwirkungsfrei neben den uns offensichtlicheren Materie-Zyklen. Während die Zyklen strukturbildend vorkommen, ist die Zyklusstruktur der Antimaterie wahrscheinlich noch gar nicht entdeckt oder nur in Teilen bekannt.

Abstrahieren wir unseren Kosmos auf Zellen mit kreisender Energie, dann strömt das kosmische Vakuum wälzend in sich selbst, indem es einer zunehmenden Krümmung der Raumzeit folgend zunächst in gravitativ sich verdichtenden Bereichen zusammenströmt, um im Zentrum jener Bereiche aufgeschweißt zu werden und nach Umwandlung der Patrix-Struktur als elektromagnetische Wechselwirkungen sowie als Myriaden von Neutrinos verschiedener Energiegrößen vergleichsweise wenig behelligt von gravitativen, elektromagnetischen und starken Wechselwirkungen zentrifugal in den Raumzeitraum geschossen zu werden. Durch gegenseitige Überlagerungen oszillierender Neutrinos im Vakuum erstehen quantendynamisch höherenergetische Neutrino-Sorten, die manchmal als wirkungsarmer Quant mit zeitweilig vorhandener, sehr geringer Masse nachweisbar sind. Dieser nach außen gerichtete Strom an Neutrinos verringert beständig die Raumzeitkrümmung des Bereiches, aus dem sie kommen. In indirekter quadratischer Abhängigkeit von ihrem Ursprung vereinzeln sie sich schließlich soweit oder verlieren wellenmechanisch soviel Energie, dass sie letztendlich in die vakliquide Patrix aufgenommen werden können, somit ein Teil ihrer Struktur werden, wobei ihnen ihre Fähigkeit zur Oszillation hilfreich ist.

Jener Energiezyklus im Vakliquiduum ist eine dialektische Einheit zweier sich selbst im Gegenstrom durchdringender Ströme aus mindestens zwei verschiedenen Konformationen.Vakmosphärische Enkluster wandern gravitativ aufwärts in immer stärker raumzeitgekrümmte Sammelräume. Bei Annäherung an die Zentralbereiche jener Räume steigt allgemein die Energiedichte. Folglich steigt die Rate der Quantenfluktuationen. Dies begünstigt zunehmend weitere lokale Konformationsübergänge in das Vakmosphäruum. Energiereichere Enkluster dieser Konformation schweißen sich bei genügend hoher Massierung gegenseitig auf. Die Gravitation filtert nunmehr den Energieabstrom dahingehend, dass nur Energieportionen mit Fluchtgeschwindigkeit bzw. Fluchtenergie den Krümmungsbereich verlassen können. Elektromagnetische Strahlung kehrt auf diesem Wege in das Vakliquiduum zurück. Die wichtigsten Teilnehmer am nunmehr gequantelten Gegenstrom sind die verschiedenen Neutrinos und Antineutrinos, die wie nicht recyclebare Reste unbehindert durch die Grenzmembranen geraten und zentrifugal wie kleine Raumzeitsplitter vom Entstehungsort in die Unendlichkeit fortjagen. Da Neutrinos von ihrem Ursprung her betrachtet klar an der schwachen Wechselwirkung teilnehmen und je nach Neutrino-Typ eine skalenübergreifende Spanne ihrer jeweiligen Masse-Äquivalent besitzen, oszillieren sie auch zwischen gravitativ kaum wahrnehmbarem Verhalten bis in den Bereich ziemlich schwerer Partikel. Besonders die äußerst geringmassigen Neutrinos und Antineutrinos der 1. Generation durcheilen das träge, auch gegenströmende kosmische Vakuum, als ob sie ein Teil seiner Struktur wären. Aufgrund ihrer sehr kleinen Massen bei hoher Eigengeschwindigkeit sind diese Gäste in der Konformation kaum als Partikel wie zu Zeiten ihrer Voraussage und ihres ersten Nachweises anzusehen. Sie sind im Konformationenmodell zu wellenmechanischen Anregungen des Vakliquiduums geworden, obwohl sie ihren Ursprung in vakmosphärischen Enklustern haben. In unserem heutigen Dreikelvin-Universum gehören sie als maximal beschleunigte Fluktuations-Energie unverzichtbar zur Struktur des kosmischen Quantenvakuums. Käme der Energiezyklus zum Erliegen, würde der Neutrinostrom versiegen, was wiederum die Eigenschaften der vakliquiden Patrix graduell verändern könnte.

Umgekehrt müssten dichte Neutrinobündel das Vakliquiduum gegensinnig verändern. Dies wiederum könnte die Vakuumlichtgeschwindigkeit beeinflussen, was messbar ist und die vorliegenden Überlegungen laut Modell bestätigen könnte. So weitergedacht müssen stimulierte Neutrinoflüsse ab einer ausreichenden Dichte die kontinuierliche Vakuumstruktur zerteilen können, bis schließlich ebenfalls Konformationsübergänge induziert werden, wobei die uns gewohnten Eigenschaften des Vakliquiduumes bereits zu einem unbekannten Anteil durch Neutrinos mitgeprägt werden. Schließlich sollte experimentell geprüft werden, ob der beschriebene Gegenstrom zu geordneten, radiär angeordneten mustergleichen Strukturen in der Patrix führt. Zusätzlich ist davon auszugehen, dass dichte Neutrinoströme durch Quantenüberlagerungen zunehmend beginnen werden, in die energiereicheren Neutrinosorten zu oszillieren. Schlussendlich erscheint die Möglichkeit einer auch militärisch einsetzbaren Tauon-Neutrino-Kanone oder Tauonen-Artillerie. In Anlehnung an die Pump-Laser-Kanonen lassen sich theoretisch gepumpte Neutrinoschauer- Beschleuniger projektieren. Eine friedliche Nutzung wäre ein Antrieb für intergalaktische Raumfahrzeuge, dessen Neutrino-Schubstrahl rückstandsfrei in die Patrix zurück zerfallen würde. Wer diese Technologie beherrscht, könnte natürlich auch umgekehrt aus den Neutrino-Strömen im All Energie gewinnen. Beispielsweise müsste eine Sonne mehr oder weniger komplett ummantelt werden. In den Modulen der Hülle wird der Antineutrino- oder Neutrino-Strom je nach Lösbarkeit dieses technologischen Problems in Photonen-, elektrische, trifarbelektrische, Teilchen- oder auch mechanische Energie gewandelt. Auf der Erde gibt es Lebewesen, die den Photonen-Strom unserer Sonne angezapft haben. Die Evolution hat bis zu den Chlorophyllen gefunden und sich so in einmaliger Weise in den kosmischen Energiezyklus eingeklinkt. Sollte es da draußen nicht irgendwo so etwas wie Leben geben, welches aus Neutrino-Strömen körpereigene Substanzen synthetisieren kann? Die Suche ist eröffnet.

Aus der anderen Perspektive betrachtet, von den vakmosphärischen Enklustern aus nämlich, beginnt der Zyklus mit der gravitativen Zusammenlagerung einzelner Enkluster bis zu einer Anzahl derselben, in der sie sich letztlich selbst zerwechselwirken. Verbund um Verbund findet sich zu immer größeren Massenansammlungen zusammen, bis abgeschirmt im Inneren eines solchen Enklusterverbundes die ersten vakmosphärischen Bereiche durch konfluierende Enkluster entstehen. Rotiert dieser Himmelskörper, können Teilchenjets die Magnet- oder Rotationspole verlassen. Überkritisch geworden, zerreißt die Coreregion. Reicht der Impuls der Explosion aus, verlassen nicht nur Strahlung und Neutrinos diese Zone, es zerstreuen sich alle umhüllenden oder neugebildeten Enkluster in den Raum. Je nach Raumzeitprofil stürzen sie zum Ausgangsort zurück oder werden zu anderen gravitativen Hügeln gelenkt und der Zyklus beginnt an anderen Stellen von vorn oder erhält dort einen Anschub.

Letztendlich ergeben sich für die Fortbewegung von zyklisch strömender Patrixenergie folgende Regeln.

1. Das Gesetz einer Akkumulation der Zyklen optimiert die Eigengröße und Energieumlaufgeschwindigkeit innerhalb seiner Begrenzungen durch eine maximal mögliche Geschwindigkeit mindestens einer Form der Energie derart, dass kleinere Zyklen sich zu größeren vereinen.

2. Das Gesetz einer Verzweigung bzw. Aufspaltung eines überkritisch großen Zyklusses besagt, dass sich zu energiedichte und chaotisch werdende Energiebewegungen in mindestens zwei kleinere stabilere Zyklen zerlegen.

3. Die Umlaufgeschwindigkeiten der Zyklen sind direkt von der Differenz aus der Energiedichte des zyklusbeherbergenden Raumzeitvolumens und der Energiedichte der Umgebung abhängig. Je größer diese Differenz ist und je mehr Gesamtenergie im Zyklus kreist, desto schneller bewegt sich der Energiezyklus.

4. Das Gesetz der Ausbildung einer Zyklenhierarchie beinhaltet, dass bei genügend großer Differenz der Energieinhalte verschiedener Zyklen und deren Umlaufgeschwindigkeit der Energien diese unabhängig voneinander laufen. Zyklen können also einzelne zyklische Energiezellen beherbergen, in denen kleinere Zyklen in anderen Größen-Skalen mit völlig anderen Geschwindigkeiten laufen. Es gibt keine absolut abgeschottete Zyklen. Neben- und ineinander wälzende Zyklen optimieren einander. In sich verschachtelte Zyklen können durch Resonanzen ihrer Umlauf-Frequenzen stabile und hierarchisch aufeinander aufgebaute Strukturen hervorbringen. Eine davon ist lebende Materie.

5. Jeder Zyklus hat bei genügend großem Abstand des Beobachters von ihm den Charakter eines Quants an Energie in Form eines auch riesige Ausmaße annehmenden, halboffenen Enkluster-Analogons mit einem Raumzeit-Krümmungsäquivalent.

6. Energieaustauschprozesse innerhalb eines Zyklusses lassen sich für jede Art Wechselwirkung spezifisch quantisieren. Quant und dessen Einbettung bilden eine dialektische Einheit. Quanten können Subquanten enthalten oder zu Hyperquanten zusammenfinden. Alle Quanten des Alls lassen sich in einer energetischen Hierarchie ordnen.

Eine weitere Verallgemeinerung der Bewegung von Energie in der Vakuumpatrix führt zu folgenden Feststellungen:

1. Energie ist die Daseinsweise einer Differenz des Grades der Entropie zwischen zwei Raumzeiträumen. Im Konformationen-Modell sind Energie-Quanten um so langlebiger und stabiler, je langsamer im Vergleich zur Einbettung ihr Entropie-Abstrom ist. Lebende Systeme sind entropiesenkende Pumpen.

2. Jedes System hat eine Ab- und Zukunft.

3. Ruhende Systeme gibt es nicht. Äußerlich starre und unbewegliche Systeme sind in Wirklichkeit entweder sehr langsam in ihren Veränderungen oder zu Kreisläufen sowie Schleifen organisierte iterative Prozesse.

4. Die Zyklen der Energie folgen einem raumzeitlichen Weg, auf dem diese sich aufwärts einem gravitativen Gradienten folgend mit nichtrelativistischer Geschwindigkeit bewegt, während die gegengerichtete Abwärtsbewegung der formgewandelten Energie die relativistische Maximalgeschwindigkeit, im Vakliquiduum c, erreichen kann.

5. Die nacheinander beschreibbaren Teile des Zyklusses können sich auch gleichzeitig ereignen.

6. Der Formenwandel der Energie kann mit einer Änderung der Quantisierbarkeit verbunden sein, vor allem, wenn sich die Energie durch verschiedene Konformationen der Patrix bewegt.

7. Komplexere Systeme sind einfacheren im evolutionären Ausleseprozeß überlegen, jedoch auch störanfälliger, falls die Energiebasis des Systems verändert wird oder solche

untergeordnete Energiezyklen zerstört werden, die ein unverzichtbarer Teil eines höheren Systems geworden sind.

8. Enklusterdominierte Strukturen in Energie- und Stoffkreisläufen entstehen, wenn die Bildungsrate derselben ihre Zerfallsrate übersteigt.

9. Die Komplexität unserer Welt ist die Folge mehrerer zeitlich und räumlich neben- und ineinander ablaufender stabiler zyklischer Prozesse sich wandelnder Energieformen.

10. Jedes System verfügt infolge seines Aufbaues aus mindestens zwei Konformationen der Patrix über Bestandteile verschiedengradiger und sich gegenseitig ergänzender Nichtlokalität oder Lokalität, die ihm seine untrennbaren Eigenschaften in ihrer Gesamtheit verleihen. Absolute Lokalität ist ein ideelles Konstrukt der Abbildung vernunftbegabter Wesen mit der Fähigkeit zu höchster Abstraktion. Einer absoluten Nichtlokalität nähert man sich bei ständiger Einbeziehung hierarchisch übergeordneter Systeme an, ohne sie je zu erreichen.

11. Ein starkes Überwiegen der Materie über die Antimaterie in unserem Kosmos ist die Folge des ungleichen zeitlichen Ablaufes des Zyklusses aus Antimaterie im Vergleich zu jenem der Materie. Die Rate der Anreicherung überwiegt im Zyklus der Nicht-Antimaterie wie die Zerfallsrate im Antimaterie-Zyklus vergleichsweise größer ist. Es ist möglich, dass es Antimaterie-Ströme gibt, die bisher noch verborgen sind, die aber den gleich großen Energiegehalt wie den der Materie-Ströme besitzen und damit die Energie-Zyklen gleichsam schließen würden. Aus dem Konformationen-Modell heraus ergibt sich auch, dass es ein Gleichgewicht

bzw. gleichgroße Anteile an Materie und Antimaterie nicht zwingend geben muss. Beide Materie-Reiche gehen sowohl getrennte Wege, als auch verwobene Wechselwirkungen ein. Falls man voraussetzt, dass die Antiwelt schneller zerfällt als die Nicht-Antiwelt, findet sich antimateriell auch eine tendenziell größere Entropie als in der Materie. Die Lücke an Antimaterie könnte das Maß der Entropie füllen, genauer die Differenz der Zunahme der Entropien beider Welten. Die Entropiezunahme der Antimaterie ist der der Materie stets voraus. Man stelle sich lebende Wesen aus Antimaterie vor, die irgendwann erkennen, dass sie aus einer ziemlich seltenen Spielart der Weltbestandteile aufgebaut sind. Ihre Antiwelt, die Anti-Anti-Welt nämlich, also die unsere, überwiegt ihre inhärente, gewohnte Physik wesentlich. Was sie auch anstellen, sie müssen es vorsichtig tun, denn ihre Umgebung anihiliert sie, wo sie nur kann. Werden sie aus ihrem Zyklus gerissen, landen sie abgebremst in einem der unseren, stabileren. Sie verschwinden förmlich vor ihren eigenen Augen. Wenn es also irgendein Gleichgewicht zwischen Materie und Antimaterie gibt, muss es dynamisch sein. Hierfür nun der Vorschlag: Energiesumme der Materie = Energiesumme der Antimaterie + Energiedifferenz aus Entropiezunahme der Antimaterie und Entropiezunahme der Materie. Möglicherweise rennt unsere Welt diesem Gleichgewicht uneinholbar hinterher.

12. Der Blick des Beobachters aus der Sicht eines solchen Antimaterie-Wesens auf die Materie-Antimaterie-Problematik ähnelt unserer aktuellen Sicht auf die Zusammensetzung unseres Universums. Wir als Baryonen-Lebewesen bemerken, dass unsere Hauptbestandteile im Vergleich zur vermuteten Dunkel-Materie und –energie nur einen kleinen Teil der Welt ausmachen.

Wenn man über den Terminus Masse fabuliert, ist es im vorliegenden Modell vorteilhaft, auch über negative Massen nachzudenken. Im Konformationen-Modell ist die Blickrichtung des Beobachters und die Art und Weise der Beobachtung ein notwendiger Bestandteil der Beschreibung der Realität. Unterschiedliche Beobachtungsweisen erzeugen scheinbar andere Realitäten. Die Identität der trägen und der schweren Masse ist im Konformationen-Modell nicht automatisch gegeben. Die Allgemeine Relativitätstheorie hebt den Unterschied beider Masse-Spielarten dadurch auf, dass beide einheitlich als beschleunigte Masse-Äquivalente definiert werden. Das Konformationen-Modell argumentiert didaktischer und umfassender. Wie der Formalismus der Koexistenz verschiedener Konformationen ganz abstrakt jeder strukturierten Existenz im Kosmos einen Platz im Modell zuweist, verfügt hierin jeder Enkluster über das Abstraktum einer trägen Masse. Träge Massen repräsentieren lediglich die Momentaufnahme eines Eingebettetseins eines beliebigen Enklusters in die Konformation seiner Umgebung. Träge Massen müssen bei dieser Definition eine theoretische Größe bleiben, weil es nirgendwo im Universum ein Verweilen gibt. Ausnahmslos Alles bewegt sich in einem der Energiezyklen mit. Auch ein Beobachter schwimmt im Zyklus mit, er ist nie außerhalb, bestenfalls ist sein Abstand zur Versuchsanordnung riesengroß oder winzigklein. Zwei träge Massen haben demzufolge immer eine Relativbewegung zueinander, welche der Bewegungs- und Energie-Zyklus ihnen abverlangt. In der wechselseitigen Projektion der beiden Massen im Zyklus-Fluss aufeinander zu manifestiert sich die schwere Masse.

Es folgen nun einige Überlegungen zur zelligen Struktur unseres sichtbaren Universums. Betrachtet man die von Galaxienhaufen, also von baryonischer leuchtender Materie eingehüllten Vakliquiduum-Brocken, ist die zellige Struktur unseres bisher erforschten Universums nur dann modellkonform, wenn es einen Energiegradienten hin zum Zentrum eines solchen Brockens gibt, sei er auch noch so minimal. Die in Haufen angeordneten Galaxien auf der Zelloberfläche senden elektromagnetische Strahlung und Neutrinos in alle Richtungen. Frei davon, allzu bald in einen wiederverwertenden Kreislauf zu geraten, sind nur die Richtungen in das Innere der Brocken. Dem hiesigen Modell folgend, dringen Neutrinos und Strahlung durch das Brocken-Innere, wobei die gesamte Intensität jener Energiequanten in quadratischer Abhängigkeit ihrer Entfernung vom Ursprung absinkt. Damit gelangt stets mehr Energie in den Schalenbereich des Brockens als in dessen Zentralbereich. Jener Zentralbereich kann sogar an Energie verlieren und somit schrumpfen. Verringert sich die Distanz von den oberflächlichen Sternenansammlungen, so steigert sich der Energiegehalt des Zentrums wieder und der Brocken dehnt sich aus. Auf diese Weise optimiert sich die Größe der angrenzenden Brocken stets automatisch entsprechend seinem Gesamtenergiegehalt. In kleineren Brocken fehlt möglicherweise die Zentralregion, in der sich das Vakliquiduum zusammenzieht.

Zur Entstehung der Vakuum-Brocken lässt das Modell einige Möglichkeiten zu. Zunächst können sie Artefakte sein, die in Folge der Ausdehnung des Vakliquiduums unseres Universoids dort entstehen, wohin sich vakmosphärische Enklustermassen gravitativ nicht auf sich zurückgezogen haben. Gibt man sich mit solcher Erklärung der universumweiten Segmentierung in wie geronnen erscheinende Vakuumbrocken mit vergleichsweise leerem Zentralbereich und galaxienbesetzter Zellenoberfläche nicht zufrieden, lohnt die Spekulation über kosmosweite Netze durch Eigenresonanz verstärkter elektromagnetischer Wellen, deren Wellenlängen in Hunderten bis Millionen von Lichtjahren liegen würden. Die Feldenergie solch räumlicher

Netze würde bei ganz bestimmten Wellenlängen entlang der stehenden Wellenflächen geringgradig höherenergetische Membranen im Vakliquiduum schaffen. Innerhalb dieser Membranen ist die Fluktuationsenergie höher als in einem Brockenzentrum. Demzufolge entstehen dort mit höherer Wahrscheinlichkeit höherenergetische Elementarteilchen samt deren Wechselwirkungen. Zusätzlich kann von irgendwoher stammende Strahlung im Bereich jener Membranen aufgefangen werden, was den Nettoenergiegehalt der Region weiter erhöht. Auch Partikelströme oder -wolken erhöhen hier ihre Rate an Wechselwirkungen.

Eine weitere Möglichkeit, die zu einer zellenartigen Segmentierung des Vakliquiduums führt, sind ständig veränderliche, räumliche Netze selbstresonanter energetischer Wellen elektromagnetischer, gravitativer, schwachkräfiger oder bisher unent deckter Natur. Innerhalb eines resonanzfähigen Raumes verstärken sich einige Wellenlängen, andere werden so lange gedämpft oder verstärkt, bis sie Anschluß an eines der stabileren Energienetze erlangen. Die Wellenlängen dieser Netze entsprechen den Abmessungen der von ihnen belegten Raumzeiträume. Entlang der oszillierenden Energiestraßen im Vakliquiduum unseres und vielleicht der benachbarten Universen bewegen sich gewaltige Feldenergien. Auf ihrem Weg erhöhen sie wenigstens die Quanten-Fluktuationsrate der vakliquiden Patrix. Weitere unbekannte Wechselwirkungen mit der Folge von Energietransfers in das Vakliquiduum werden angenommen. Das Resultat aller wie in einem Netz aus stehenden Wellen erscheinenden Struktur unseres einsehbaren Teiles des Kosmos sind filamentartig angeordnete Galaxien und deren Haufen. Eigentlich bestehen sie aus energiereicherem Vakmosphäruum in Form unzähliger miteinander wechselwirkender Enkluster, die im Extremfall die kurzwelligsten Gammablitze und auch sonst eine im Vergleich mit den Energienetzen wesentlich kurzwelligere und beobachtungsfreundlichere Strahlung aussenden können. Wo sich Filamente kreuzen, entstehen galaktische Superhaufen. Dort, wo sich Filamente nebeneinander anordnen, konfluieren sie zu flächigen Wänden aus Galaxien. Rückwirkend erhöht allein die Anwesenheit strahlender baryonischer Materie in den oberflächlich gelegenen Bezirken der vakliquiden Raumzellen dort deren Gesamtenergiegehalt und schafft so einen weiteren Energiegradienten zwischen jedem netzfernen Zentrum und den netzstrukturierenden Oberflächen aller Raumsegmente.

Noch eine andere Erklärung wäre das Durchwandern elektromagnetischer oder bisher unbekannter Felder, Neutrinoschauer oder Neutrino-Oszillationen in Frontformationen durch unser Universum. So wie auf dem Sandboden des Meeres durch den regelmäßigen Wellenschlag ein geriffeltes Muster entsteht, durcheilen unsere kosmische Umgebung hin und her pendelnde Wellen von energetischen Dichteunterschieden, wobei diese Energie elektromagnetischer, gravitativer, schwachkräftiger oder dunkler Natur sein kann. Die regelmäßige Oszillation ordnet sowohl die zur Resonanz geeigneten Zellenwände als auch die Galaxienansammlungen nahezu parallel an. Durch kleinere Wirbel und Störungen entlang der Brockenoberflächen in der kosmischen Dünung entsteht das filigrane Netz aus Ketten und Wänden aus Galaxien.

Falls es eine solche Oszillation wirklich gibt, folgt die Ausdehnung unseres Universoids keiner kontinuierlichen Dynamik. Vielmehr wechseln periodisch Ausdehung und Kontraktion ab. Das Konformationenmodell gestattet hierbei ebenso den Durchgang von Expansionswellen durch die Schichtung der galaktischen Wände wie einen Wechsel von Expansion und Impansion flächig angeordneter ganzer Universen.

Die **elektroschwachen Wechselwirkungen** mit ihren drei Facetten Ladung, Magnetismus und Schwache Kernkraft sind ebenso an das Vorhandensein der zwei Konformationen Vakliquiduum mit seinen vakmosphärischen Enklustern gebunden wie die gravitative und die starke Wechselwirkungen. Analog der beiden letztgenannten Kräfte und deren Verknüpfung über die Grenzmembran zwischen Vakliquiduum und Vakmosphäruum ist die Schwache Kernkraft die Folge der Deformation des Enkluster-Inneren durch elektromagnetische Felder des Umgebungsvakuums. Außerhalb der Enkluster ist die Schwache Kernkraft nur unter speziellen Bedingungen vorhanden, im Vergleich zur starken Kernkraft verschwindend klein. Nur im relativistischen Bereich lassen sich ihre Quanten, die vakmosphärischen Eichbosonen, durch eine lokale und fokussierte Erhöhung der Energiedichte aus zu groß werdenden Enklustern herausschlagen. Um mit Modelltermini zu sprechen, muss man ein geeignetes Masseteilchen raumzeitlich so lange in einer auszuprobierenden Weise deformieren, indem man Energie in es hineinpumpt, so dass exakt eines der drei Weakonen für kurze Zeit individuell materialisiert wird. Angekommen im Vakliquiduum wie ein Tiefseefisch an der Wasseroberfläche, zerreißt das vakmosphärische Tröpfchen in einer Zerfallskaskade. In eng zusammengerückten Enkluster-Kondensaten wie den Atomkernen tunneln Weakonen von einem Enkluster zum anderen durch das Vakliquiduum, ohne zu zerfallen. Werden die Abstände zwischen den Enklustern zu groß, so dass mit hoher Wahrscheinlichkeit kein Weakon diesen Weg mehr schafft, ohne zu zerfallen, destabilisiert dies den ganzen Atomkern. Laut dieser modellkonformen Überlegung können also auch zerfallende Eichbosonen im Atomkern-Inneren eine Kernspaltung auslösen.

Elektromagnetische Felder breiten sich im reinen Vakliquiduum wie die gravitative Wechselwirkung ebenso mit Lichtgeschwindigkeit c aus, wie ihre Stärke quadratisch mit der Entfernung abnimmt. Ebendiese Identität in der Ausbreitungsart ist sowohl ein weiterer Beweis für die als Deformierbarkeit zusammenzufassenden Quantenmaterialeigenschaften des kosmischen Vakuums als auch einer für die Koexistenz zum einen der gravitativ-starken und zum anderen der elektroschwachen Deformationen der Patrix. Beide Deformationen, Zeit-Verzerrungen oder Raum-Krümmungen, überlagern sich, wobei experimentell zu überprüfen ist, ob sie das nebeneinander in getrennten Energieniveaus tun, ob summatorisch eine resultierende und nicht in Komponenten auflösbare Gesamtdeformation erreicht wird, oder ob es zwischen ihnen Interaktionen gibt, die vielleicht weitere deformatorisch bedingte, neue und bisher unbekannte Kraftwirkungen erzeugen.

Elektromagnetische Wechselfelder zwischen einzelnen geladenen vakmosphärischen Enklustern haben ihren Ursprung stets im Inneren dieser Quanten. Die elektrische Gesamtladung eines Elektrons oder Positrons, Protons oder Antiprotons wird quanten-chromo-dynamisch in deren vakmosphärischem Innern erzeugt und im Zusammenspiel mit der einbettenden Patrix optimiert. Weiterhin sind solche Felder die Folge ganz bestimmter raumzeitlicher Anordnungen vieler Enkluster zueinander, wobei die drei räumlichen Dimensionen nur eine statische Ortsbeschreibung zueinander im Augenblick zulassen, während die vierte Zeitdimension Transformationen aller Enkluster zueinander allgemein beschreibbar werden lässt, um in Feldern als geordnete Relativbewegungen darstellbar zu werden.

Der Magnetismus ist im Konformationenmodell lediglich eine geordnete Korrekturströmung der kurzzeitig durch elektrische Ladungsfelder überdeformierten vakliquiden Patrix. Die elektrische Deformation ist bereits auf der Ebene der Elementarteilchen so stark, dass magnetische Korrekturströme bis hin zu den kleinstmöglichen, der Spins der Enkluster und ihrer Quanten, auftreten können. Der Spin wäre also im Konformationen-Modell eine Rest-Rotation einer Korrekturströmung der vakliquiden Patrix. Die ungleich schwächere gravitative Deformation reicht nicht aus, magnetische Flüsse zu starten. Hieraus folgt modellkonform das Postulat, dass es eine Sprung-Deformation infolge gravitativer Massenballungen geben muss, die auch Magnetfelder induziert, ohne dass ein primäres elektrisches Feld beteiligt sein muss.

Die naheliegensten Kandidaten für eine Überprüfung dieser Hypothese sind die Neutronensterne. Viele kompaktifizierte Universen nebeneinander beispielsweise würden sich so gegenseitig auch magnetisch beeinflussen. Sogenannte Schwarze Löcher oberhalb einer Sprungmasse und -dichte besäßen dann ein Magnetfeld neben dem ohnehin gewaltigen Schwerefeld. Bedenkt man dies in einer vier- und mehrdimensionalen Raumgeometrie und lässt die gesamte Raumzeitdeformation kontinuierlich anwachsen, was in Wirklichkeit einem gleichbleibenden Masse- und Energieeinstrom gleichkommt, ersteht ab einer Schwellen-Energiedichte zwangsläufig dieses gravitativ induzierte Magnetfeld zusätzlich zu den eventuell schon vorhandenen elektromagnetisch bedingten Magnetfeldern. Beide magnetischen Felder interagieren miteinander. Die hypothetische gravitative magnetische Raumzeitkrümmung führt als Übermittlungsmedium, als koppelnde Wechselwirkung jegliche reine Gravitationsdeformation ab in das elektromagnetische Wechselfeld. Die Folge ist elektromagnetische Strahlung eines begrenzten Frequenzbereiches oder mehrerer solcher Bereiche, die die gravitative Deformation vermindert, indem die Energie wie beschrieben nach außen gelenkt wird. Nur in Gravitationskörpern, die kein oder nur ein schwaches elektromagnetisches Wechselfeld besitzen, kann das postulierte statisch-gravitative Magnetfeld bestehen bleiben, weil es kein Ventil über induzierbare Magnetfelder gibt, über welches die ursprünglich gravitative Energiedichte entkommen kann. Besonders nahe extremer Massezentren wie beispielsweise den Schwarzen Löchern sind nach dieser Modellierung sehr starke und weitreichende Magnetfelder zu erwarten. Zusätzlich zum gravitativen Zusammenhalt galaktischer Systeme und von Ansammlungen Schwarzer Löcher ist die Stärke jener vermuteten Magnetfelder so störend groß, dass sie möglicherweise die gravitativen Kräfte übersteigen. Sie würden wenigstens teilweise zur Auswirkung einer mysteriösen Dunkelenergie beitragen.

Eine kugelsymmetrisch deformierte vakmosphärische oder vakmatische Patrix kann laut Konformationen-Modell magnetische Monopole hervorbringen. Sobald sich innerhalb einer gravitativen Zusammenballung mehrere überkritisch deformierte, dichte Gravitationszentren formieren können, ergeben sich Möglichkeiten für magnetische Dipole und Quadrupole, die ihrerseits elektrische Felder induzieren.

Somit lässt sich im Konformationenmodell voraussagen, dass es innerhalb einer annähernd homogen deformierten Patrix eine nicht überschreitbare maximale Kapazität für eine lokale Gesamt-Deformation gibt. Oberhalb jener Schwelle entsteht eine quantendynamische Überlagerung zweier oder unbekannterweise von mehreren Deformationen der Patrix. Diese Eigenschaft lässt sich in Analogie zur Sternenphysik noch am besten mit Entarteter Deformation benennen. Die magnetische Deformation schwächt die gravitative ab und hält dadurch die gravitative Krümmung unterhalb eines Maximalwertes. Denkbar sind oszillierende kosmische Objekte, in denen Magnetfelddeformation und gravitative Raumzeitderformationen im Gegentakt an- und abschwellen. Pendelt die Deformationsenergie in das Magnetfeld-Maximum, befindet sich das Objekt gleichzeitig im Minimum seiner Masse. Die Raumzeitgeometrie entspannt sich daraufhin, schwächt damit auch das gravitativinduzierte Magnetfeld und vermindert dessen laminierende Auswirkung auf die Raumgeometrie, so dass die Gravitation und Masse wieder zunimmt. Gravitation und gravitativ induzierter Magnetismus sind über dieserart Schwingkreis verknüpft. Das hypothetische Magnetfeld wirk hierbei wie ein Ventil, welches nichtgravitative Energie aus der gravitativen Falle nach außen in weniger stark raumzeitgekrümmte Schalen leiten kann, wo jene Energie in elektromagnetisch aktiven Medien aufgefangen werden kann, um letztendlich als elektromagnetische Strahlung im Vakliquiduum verteilt zu werden. Voraussetzung für diese Wandlung der Energieform von überkritischer Gravitationsdeformation in Magnetdeformation ist ein Massezustrom in diesen alles schlukkenden Gravito-magnetischen Generator.

Die elektromagnetische Wechselwirkung schlägt die Brücke zwischen unserer Mikro- und Makrowelt. Besonders auf der Ebene der Elementarteilchen übertrifft ihre Stärke die der Gravitation um das Vielfache, lässt die Gravitationsauswirkungen demzufolge im enklusternahen Raumbereich verschwinden. Im Laufe der Evolution unserer kosmischen Umgebung hat sie dafür gesorgt, dass sich gewaltige Mengen an Protonen, Elektronen, Atomen und Molekülen zu elektrisch neutralen Himmelskörpern zusammenfinden konnten. Zusätzlich beschirmt sie Enklusterzusammenlagerungen durch Äußere Magnetfelder.

Die elektrische Elementarladung des Elektrons war und ist als Quant die wichtigste Voraussetzung für die Auslese derjenigen stofflichen Umgebung in den Sternensystemen, aus der letztendlich auch alle Lebewesen bestehen. Neutrale Arrangements aus positiv und negativ geladenen Elementarteilchen verharren quasiewig in ihrem Zustand, wenn sie sich aus der vierdimensional aufwärtsgerichteten raumzeitlichen Strömung abkoppeln können. Bekannt ist das unbegrenzte Verharrungsvermögen der

Protonen und Elektronen, die im kosmischen Vakuum nie zerfallen, wenn sie nicht in angeregten Zuständen zu wechselwirken beginnen.

Und selbst wenn jene vermutlich ewig stabil bleibenden Enkluster eine ganz kleine Zerfallsrate besäßen, wäre diese zu gering, um dieses Modell inkonsistent zu machen. Entscheidend ist hierbei nicht, ob sie überhaupt zerfallen. Das wird sich experimentell abklären lassen. Vielmehr bietet unser 2,7-Kelvin-Kosmos den energetischen Rahmen, dass sie aus höherenergetischen Ereignissen wie Urknalle, Explosionen sogenannter Schwarzer Löcher, Hypernovas, Supernovas, Novas, Kernzerfällen, Zerfall schwerer Leptonen u.a. als Endprodukte entstehen, die gemessen an anderen Zerfallsgeschwindigkeiten wie mit einer Eigenzeit Null oder Unendlich versehen sind. Allein die Tatsache, dass sich von den in der Ruhemasse identischen Elementarteilchen wie Elektron und Positron sowie Antiproton und Proton, jeweils nur die der Nicht-Antimaterie zugehörigen Partner in solch starkem Maße in unserem heutigen Universum anreichern konnten, lässt auf eine wesentlich erleichterte Umwandlung der Positronen und Antiprotonen schließen als die der Elektronen und Protonen. Letztere sind nicht nur als freie Enkluster unendlich stabil, auf ihrer Reise durch die Zeit waren sie zusammen mit in die quasiewige Gesellschaft aufgenommenen Neutronen noch erfolgreicher durch ihr simples Gemeinschafts-Dasein als die Einzelteilchen. Da allein ein verzögerter Zerfall in einem als zeitlich unendlich anzusehenden Universum für ihr Dasein allein nicht ausreicht, muss man eine ausreichende Neubildungsrate hinzuzählen. Beides zusammen führt zu einem hohen resultierenden Elektron-Proton-Spiegel im kosmischen Blut auf dem Weg durch die Zeitgefäße des Raumes.

Die schwache Wechselwirkung ist initial an einen Energietransfer aus dem Vakliquiduum in einen vakmosphärischen Enkluster gebunden. Übersteigt am Ende die im angeregten Enkluster angesammelte Menge an zugebildetem Vakmosphäruum eine Obergrenze, materialisieren sich Eichbosonen. Diese riesigen Behälter vakmosphärischer Patrix in überkritischer Menge zerfallen in Teilchenkaskaden, in denen auch Neutrinos entstehen. Folglich ist die Raumgeometrie, aus denen die schwachen Kernkräfte modellkonform entspringen, nicht so wohlgeordnet und tensorfreundlich wie eine aus dem Vakliquiduum. Wie die turbulente, quantenoszillierende vakmosphärische Patrixstrukur es vorgibt, ist von einer Geometrie im Riemannschen Sinne nicht mehr zu sprechen. Eine fraktale Geometrie der Raumzeiten im Vakmosphäruum dämpft selbst den deformatorischen Einfluß des allumspülenden Vakliquiduums auf die Enklustermembran. Raumzeitkrümmungen gelangen nur stark gedämpft und verwirbelt durch die Grenzmembran.

Im vektoriellen Gemenge mit den übrigen drei Grundkräften und hypothetischen zusätzlichen Kräften innerhalb vakmosphärischer Enkluster übernimmt die schwache Kernkraft die Rolle des Ausputzers. Sie ist Ausdruck kleinster und in anderen Quanten-Austausch-Systemen nicht mehr austauschbaren Deformationen oder Teilenergien. Begriffe wie Quantenteile, Krümmungsreste, Patrixsplitter oder Restvolumina an Vakmosphäruum helfen vielleicht bei der Beschreibung dessen, was diese schwachen und kurzreichweitigen Kräfte überhaupt ausmachen. Die bisher entdeckten Quanten der schwachen Wechselwirkung sind die drei Eichbosonen oder Weakonen. Ihre gewaltigen Elementarmassen im Bereich mittelschwerer Atomkerne werden innerhalb kurzer Zeit zerwechselwirkt, bis stabile Enkluster die Zerfallsskaskade beenden. Kleinste Energiereste, die sich nicht in Quantenformate pressen lassen, regen das angrenzende Vakliquiduum zu Oszillationen an. Diese Anregungen schießen als Neutrinos nahezu ungehindert in den vakliquiden Raum. Die einzige Bedingung für den Eintritt hinab in diese Konformation ist der Ansturm durch die Bran mindestens mit Lichtgeschwindigkeit. Diese Mindestgeschwindigkeit verhindert, dass Rückoszillationen wieder im Ursprungsraum ankommen können. Die Zeit muss an jedem Startpunkt eines mit c bewegten Quants „abreißen".

Quarks, Leptonen und Neutrinos kommen in drei Familien vor, die sich durch deutlich abgrenzbare Energieniveaus unterscheiden. Ebensowenig wie das Konformationenmodell ausschließt, dass es eine vierte und weitere dieser Familien gibt, erlaubt es die Existenz von Eichbosonen-Tripletts in ebensolcher Familienhierarchie. Zur ersten Flavour-Familie gehörten im Modell dann up- und down-Quark und -Antiquark, Elektron, Positron, Elektron-Neutrino und –Antineutrino, W-Plus, W-Minus sowie Z-Null-Boson und deren Antiteilchen.

Das Konformationen-Modell lässt sich an dieser Stelle also stufenweise erweitern. Erstens kann es Weakonen geben, die sich einschließlich der drei heute bekannten als elektronisch anzusehenden Eichbosonen in Familien analog der Quark-Leptonen-Gruppen einordnen lassen, wobei man bei einer tatsächlichen Zugehörigkeit von myonischen, tauonischen, eka-tauonischen usw. sprechen kann. Zweitens kann jedem Weakon aus Gründen der Symmetrie sein Antiteilchen zugesellt werden. Drittens schließlich müssen pro Familie nicht nur drei Eichbosonen die schwache Kernkraft vermitteln. Vielleicht gibt es in den tieferen Schalen von Neutronen-Sternen einige dieser derartig erdenkbaren Quanten der schwachen Wechselwirkung mehr.

Neutrinos und Antineutrinos der drei Familien definieren sich infolge ihrer geringen Massen fast hundertprozentig als Wellengleichungen. Sie sind somit Oszillationen des Vakliquiduums. Diese Oszillationen überlagern sich und erzeugen sowohl durch

Phasenverschiebungen als auch durch unterschiedliche Amplituden die unterschiedlichsten Neutrinoeigenschaften. Wenig beeinflusst von Weltlinien und nicht durch elektromagnetische Felder durcheilen sie das Vakliquiduum. Ihr minimales Masseäquivalent verleiht ihnen sogar eine Trägheit. Diese schließlich verleiht ihnen die einmalige Eigenschaft, gekrümmte Räume zu laminieren. Während Lichtquanten stets der Raumgeometrie folgen müssen, erlaubt es den Neutrinos durch ihre Fähigkeit zur Oszillation, einen gekrümmten Raumzeitpfad abzukürzen, also geradliniger zu reisen, als dies die Raumzeit erlaubt. Je gekrümmter der Raum ist, durch den sie wandern, desto stärker oszillieren sie. Hieraus ist zu schlussfolgern, dass die Neutrinosorte, also die Zugehörigkeit zu einer der drei bekannten Familien, auch und vielleicht ausschließlich von der durcheilten Raumgeometrie und somit in direkter Proportionalität tensorabhängig ist. Jeder Krümmung des vakliquiden Raumes entspricht eine bevorzugte Oszillation höchster Wahrscheinlichkeit. Bei solcher Modellierung können elektronische Neutrinos und Antineutrinos sogar als Indikatoren für das Vorliegen eines flachen oder nur verschwindend gering gekrümmten Universums angesehen werden.

Verfolgen wir eine Neutrino-Anregung im Kosmos, verbleibt die Amplitude des elektronischen Neutrinos im quasiflachen sternenfreien Raum innerhalb jener Intensität, die eben jedes Elektron-Neutrino charakterisiert. Nähert sich der Weg einem massiven kosmischen Objekt, zwingt die zunehmend gekrümmtere Raumzeit-Geometrie die Elektron-Neutrino genannte Anregung der Patrix auf eine parabolische oder elliptische Bahn. Hier nun taucht die Trägheitskraft der Neutrinomasse auf und zwingt es, als Masseteilchen der Raumzeitgeometrie zu folgen. Erst ab einer gewissen Raumkrümmung lässt sich eine Neutrinomasse nachweisen. Im idealen ungekrümmten Raum ist jedes Neutrino massefrei und lässt sich dort nur als ideale Welle beschreiben.

Der Zwang, der gekurvten Weltlinie zu folgen, versetzt das elektronische Neutrino in heftigere Oszillationen, deren Energie teilweise aus dem Vakliquiduum geborgt wird. Diese Aufnahme von Energie aus dem deformierten Raum mindert dessen Deformation und glättet die Raumgeometrie. Die Deformation wird in Form der heftigeren Oszillation fortgeschleppt. Wird die Gravitation noch stärker, oszilliert unsere Oszillation in eine qualitativ noch energiereichere Amplitude bzw. Frequenz und würde bei einer schwachen Wechselwirkung entlang ihres Weges als energiereicheres myonisches Neutrino registriert werden. Eine weiter ansteigende gravitative Deformation des Vakliquiduums oder die Überlagerungen vieler solcher Neutrino-Oszillationen wandelt es sogar in ein Tau-Neutrino um. Neutrinosorten oberhalb dem tauonischen Masseäquivalent können als solche nicht mehr nachgewiesen werden, weil sie massetragende Teilchen erzeugen werden, die im Spezialfall sogar stabil sind.

Andererseits verbietet weder dieses Konformationen-Modell noch die vorangehende Überlegung über eine Abkürzung der Raumzeitpfade, dass Neutrinos auch oder nur Umwege in der Raumzeitgeometrie einschlagen und später als gleichzeitig emittierte Photonen an einem Messort eintreffen. Zukünftige Experimente sollten dies klären.

Man ist heute auf der Suche nach dem Graviton, also nach dem Elementarteilchen, welches die Gravitation übermittelt. Im vorliegenden Konformations-Modell muss es eher im Vakmosphäruum oder sogar im Vakma beheimatet sein. Die Suche nach ihm im Vakliquiduum war bisher ohne Ergebnis. Nun, wenn man bedenkt, wie lange man nach Neutrinos gesucht hat und was alles man dabei gefunden hat, verspricht die Jagd nach dem Graviton noch einige Überraschungen. Hier folgt nun eine Überlegung, die das Graviton in das Konformationen-Modell einbaut. Es wird postuliert, dass innerhalb baryonischer und mesonischer Elementarteilchen Ansammlungen oder Strukturen aus Graviton-Materie vorborgen sind, die bei Übertritt aus diesen Teilchen in das Umgebungs-Vakliquiduum in die Quantenform übergehen und die allseits bekannten Neutrinos und Antineutrinos sind. Sehr abstrahiert sind also zumindest einige Bestandteile der Baryonen und Mesonen „die" gravitative Substanz und die verschiedenen Flavours an Neutrinos ihre Austauschteilchen entsprechend der Denkweise mit Quantentheorien. Die Gravitations-Wellen-Felder würden den elektromagnetischen Feldern in der Elektroschwachen Wechselwirkung entsprechen. Hieraus folgt, dass sowohl die Emission als auch die Absorption der gewaltigen Neutrino-Mengen im Raum ein separates und auch gravitativ wirksames Netz des Austausches von Masse-Äquivalenten über riesige Entfernungen gestattet. Auch dieses Masse-Äquivalent sollte summarisch bei der Suche nach der fehlenden Masse im Universum berücksichtigt werden.

Im vorliegenden Modell trifft dies alles weiterhin dann zu, wenn sich Vakliquiduum und vakmosphärische Enkluster-Systeme zueinander mit klassischen Geschwindigkeiten und ohne relativistische Relativbewegung zueinander bewegen. Bei Annäherung an relativistische Geschwindigkeiten wird eine Sprung-Geschwindigkeit postuliert, ab welcher die Integrität der Festkörper verlorengeht. Die Enkluster verlieren ihren chemischen, schließlich ihren physikalischen Zusammenhalt. Verbleiben diese vereinzelten vakmosphärischen Enkluster im relativistischen Strom des Umgebungs-Vakliquiduums, zerstrahlen oder zerfallen sie letztendlich. Das gesamte System wandelt sich, bis es in dieser Form nicht mehr existiert.

Herkömmlich beschleunigte man kontrolliert erzeugte Enkluster-Schauer im scheinbar ruhenden Nichts und schoss unterschiedlich geartete Teilchen so aufeinander. Aus der Überlegung des vorliegenden Modelles heraus ist es einem Machismus ähnlich genauso möglich, ein beschleunigtes Vakuum auf ruhende Teilchen zuzubewegen. Maximale Effekte wiederum lassen sich erzielen, wenn man beide Konformationen relativ zueinander relativistisch bewegt.

Das Konformationenmodell erlaubt eine Analogie zur idealen **Wärmekraftmaschine.** Wie in einem thermodynamischen Kreisprozess nach Carnot mit einem idealen Gas als Arbeitsmedium läßt sich ein theoretischer Energiekreislauf mit einer periodischen Änderung der Eigenschaften einer idealen Patrix beschreiben. Die Temperatur des Gases entspricht idealerweise der Inneren Energie der Patrix. Der Druck des Gases ist analog einem Gravitationsdruck infolge der Patrixdeformation anzusehen, der sich aus der Fluktuations-Energie und teilweise der Äußeren Energie der Patrix speist. Das Volumen sowohl des Gases als auch der Patrix übernehmen gleiche Plätze. Die klassische isothermische Expansion heißt im Konformationen-Modell Iso-Innere-energetische Expansion, wobei die Innere Energie und die Fluktuations-Energie der Patrix absinkt und somit den Gravitationsdruck vermindert, aber das Volumen aufbläht. Es schließt sich die klassische adiabatische Expansion an, der im Patrixenergiezyklus die Volumenausdehnung verlangsamt und schließlich beendet, die innere Energie aber weiter vermindert und durch Energieabgabe auch die Fluktuationsenergie reduziert. Der klassischen isothermen Kompression vergleichbar ist die Iso-Innere-energetische Kompression mit weiterer Energieabgabe auf Kosten des Volumens der Patrix und nunmehr der Steigerung der Fluktuations-Energie durch Anstieg des Gravitationsdruckes infolge der gravitativen Erhöhung der Energiedichte. Die folgende klassische adiabatische Kompression ist analog einer weiteren Kompression der Patrix mit Anstieg des Gravitationsdruckes mit zunächst einem Anstieg der Inneren Energie und daraufhin einem Anstieg der Fluktuations-Energie bis hin zu einer kritischen Energiedichte zur Erzeugung von soviel als möglicher Äußerer Energie unter Erreichen eines minimalen Patrixvolumens.

Die Volumenarbeit der Patrix ist besonders dort gut nutzbar, wo kleine Energieänderungen große Volumenunterschiede erzeugen. Dies ist zum einen der Fall bei Konformationsübergängen der Patrix während des Energie-Zyklusses und zum anderen bei Enklustern im relativistischen Geschwindigkeitsbereich, in welchem linear zunehmende Intervalle der Relativgeschwindigkeiten exponentielle Volumenzunahmen der Enkluster bewirken. Ideal wiederum wäre ein Urknall in der Retorte, also eine explosive Konformationsänderung aus dem Vakliquiduum in das Vakmosphäruum oder soweit technisch beherrschbar aus dem Vaksoliduum in das Vakliquiduum sowie aus dem Vakmosphäruum in das Vakma.

Da Quantenphänomene überlagert und gleichraumzeitlich verlaufen können, wird angenommen, dass in einer Patrixkraftmaschine die klassischen zwei oder vier aufeinanderfolgenden Arbeitstakte ebenfalls wie verschränkt oder in Superpositionen aus mehreren Arbeitsschritten fortschreiten. Das strenge Nacheinander der Arbeitstakte weicht einem Nebeneinander oder sogar Ineinander. Grundsätzlich beschreibt dieser hypothetische mechanische Kreisprozess jedoch die Gewinnung von mechanischer Energie aus Volumenarbeit der quantenmechanischen Patrix. Ein Kolbensystem wie im Carnotprozess erscheint wenig brauchbar, da wesentlich höhere Energien umgesetzt werden. Bereits die Wandmaterialien der quantenmechanischen Maschine für die in diesem Kreisprozess pulsierende vakliquide oder gar vakmosphärische Arbeitspatrix müßten außergewöhnlich sein. Schaut man sich im Kosmos um, arbeiten vielleicht unerkannt schon Maschinenteile seit Erschaffung unserer Welt. Pulsierende Sterne beherbergen vielleicht, aktive Galaxiskerne mit hoher

Wahrscheinlichkeit und Zentren von Galaxienhaufen zeitweilig mit Sicherheit zyklisch sich verdichtende Zentralregionen. Möglicherweise flackern Pulsare und Quasare im Arbeitstakt dieser Maschinen. Nutzbare Energien sind zum einen die verschiedenen Strahlungsarten, Neutrinoströme oder beschleunigte Teilchenschauer, zum anderen an den Rotationspolen austretende Jets aus Masseteilchen oder Photonen. Diese Energiejets scheinen die am besten nutzbare Energieform zu sein. Der Brennstoff für diesen Strom drängt sowohl in einem Stern als auch in einer Galaxis gravitativ bedingt ständig nach oben nach. Auch Gezeitenkräfte in der Nähe gewaltiger Massen, also Raumzeitkrümmungen, sind brauchbar. Eine quantendynamische Carnotmaschine müßte demnach in einer Raumzeitfalle ein Volumen an Vakliquiduum bis zur Selbst- oder Fremdzündung verdichten, um den sich anschließenden Mikrourknall kanalisierbar zu gestalten. Der künstliche Konformationsübergang wird sich in einem gewaltigen Blitz auseinanderdrängender Teilchen und Strahlung entladen. Mit nuklearen Bomben gelingt leider nur ein systemzerteilender einmaliger Start des geschilderten Kreislaufes.

Zwischengeschaltete Systeme müssen die freiwerdende Energie so in einem idealerweise gleichmäßigen Strom kanalisieren, dass sie zur Stromerzeugung nutzbar wird. Die Patrixmaschine wird in gravitativer Abschirmung arbeiten müssen. Falls es auf diesem Wege gelingt, genügend voluminöse Vakmosphären zu bauen, würde eine Quantenstromerzeugung durch Farbladungs-Synthese und Farbladungs-Trennung oder Farbladungsverschmelzung nach einer trifarbelektrischen Technologie möglich werden.

Die freigesetzte Strahlung eines ersten Arbeitstaktes kann über ein Lasersystem zurück auf Masseteilchen gelenkt werden. Gelänge es, jene befeuerten Enkluster weiter zusammenzudrängen und weiter ihr Volumen gleich Energie zu vergrößern, die freiwerdenden Kernfusionsenergien festzuhalten und damit entartete Ansammlungen jener Enkluster zu erzeugen, ließe sich wiederum eine kontrollierbare Kernspaltung mit Strahlungs- und Partikel-Jets in Gang setzen, wenn geeignete Maschinenmaterialien hierfür existieren würden.

Die Technologie hat sich bisher in ein kleines Wegstück des Energiezyklusses eingeschlichen. Genutzt werden hierin ausschließlich spezielle vakmosphärische Enkluster-Umgruppierungen. Die Kernspaltung nutzt die freiwerdende Energie, wenn sich überkritische vakmosphärische Enkluster-Ansammlungen, beginnend bei den Transuranen, in Zerfallskaskaden zu stabilen Bruchstücken umwandeln. Die Kernfusion imitiert das Heliumbrennen in den echten Sternen. Es fehlt nun der technische Ansatz, mit dem kosmischen Vakuum selbst Energie zu gewinnen. Das Reservoir ist unerschöpflich.

Das ganze Universum ist vielleicht eine Quanten-Carnot-Maschine. Wir sitzen mittendrin und können die Maschinenteile nicht erkennen, weil sie gigantisch sind. In der Raumzeit sammeln sich allerorten massebesitzende vakmosphärische Enkluster in gravitativen Fallen, bis hin zu den Schwarzen Löchern. Wasserstoffmolekülwolken zünden nicht. Protonenwolken lagern sich ebenso nur zögerlich zusammen. Kosmischer Staub oder Strahlungsfronten lassen verdichtete Enklusteransammlungen entstehen. Die Quanten-Kraftmaschine läuft an, wenn die erste Helium-Sythese einsetzt. Genausogut startet der Maschinenzyklus, wenn Kohlenstoff, Sauerstoff oder Magnesium erbrannt wird. Bis zur Eisensynthese wird Energie frei. Dann wird unsere Maschine ökonomisch uninteressant, weil ihr Energie zugeführt werden muß, um Urankerne entstehen zu lassen. Wie das Schwungrad der klassischen Wärmekraftmaschine bewirkt die gravitative Implosion der Quantenmaschine eine weitere

Verdichtung der Enkluster zu den schwersten stabilen Isotopen, indem die vorhandene Energie für deren Synthese aufgesaugt wird. Dann stockt das Quantenschwungrad. Aberwitzige vernunftbegabte Bastler geben sich nicht mit diesem Endpunkt in der Quanten-Carnot-Überlegung zufrieden und drehen weiter an der Gravitationsdruck-Volumen-Schlaufe des Diagrammes hierfür. Jene erzeugen in Beschleunigerringen exotischste Transurane, um herauszufinden, wie der Maschinenzyklus fortgeführt werden kann. Einige der Transurane verharren solange in einem metastabilen Zustand, dass man mit ihnen kernspaltende Kraftwerke beschicken oder zerstörerische Waffen bestücken kann, je nach Zivilisation. Einige dieser Materialien verweilen sogar recht lange Seite an Seite mit ihren biontischen Schöpfern. Wie Sand zwischen den Fingern verrinnt, zerfallen jene je nach ihrer Art und drehen so ungewollt weiter am Schwungrad dieser ihre Schöpfer eher gefährlich werdenden Maschine.

Die Wände unserer Quantenmaschine muss kosmisches Vakuum absolut dicht abschließen können. Das Kontinuum der Patrix muss auseinandergerückt werden. Nicht einmal Neutrinos dürfen entkommen können. Benötigt wird ein Vakuum für das Vakuum. Am Ende unserer Spekulation angekommen, scheint ein Vakuumpatrix-Konformations-Analogon zur Carnot-Maschine zwar denkbar, bisher aber noch nicht baubar zu sein. Aus heutiger Sicht wird eine solche Maschine dann funktionieren, wenn man die Gravitation in einer Weise beherrschen kann, um mit ihr die Raumzeitstruktur wunschgemäß zu gestalten, wie man dies heute ansatzweise mit stärksten elektromagnetischen Feldern tut.

Hierfür wiederum sind sicher supraleitende Bauteile von Vorteil. Dabei hat sich gezeigt, dass elektronische Cooper-Paare, also die materialabhängige Erschaffung von einem Boson aus zwei Fermionen in metallischen kalten Materialien, nicht erklären kann, wie in weniger tief gekühlten Kompositmaterialien eine widerstandslose Elektronen-Bewegung zustande kommen kann. Bei der Hochtemperatur-Supraleitung verschiebt sich die Elektronen-Aktion näher an die Energiebereiche chemischer Reaktionen, also zu den Elektronen, die in Atomen für die Wanderbewegungen elektrischer Ströme frei zur Verfügung gestellt werden können. Über das Pauli-Prinzip hinaus zu den Orbitalen der Aufenthaltswahrscheinlichkeiten der Elektronen in chemischen Bindungen bis hin zu den kollektiven Orbitalen der Benzol-Ringe scheinen Orbitale mit riesigen Anzahlen an Elektronen zu entstehen, die sich kollektiv ähnlich wie reibungsfreies flüssiges Helium-3 wie ein Elektronen-See ohne Widerstand zur Kathode bewegen können. Während das Konzept eines Elektronengases als gut verstanden gilt, gibt es in diesem Quanten-Elektronen-See vieles Unbekannte. Lässt man im Konformationen-Modell jenen Verbund aus Elektronen-Flüssigkeit wie ein Grundwasser im Material erscheinen, so kann man es durch Anlegen einer Spannung anzapfen. Dabei entnimmt man die Elektronen nicht quantisiert und einzeln, sondern als vakmosphärische Patrix in beliebig großen Teilen. Der Beweis dieser Annahme könnte zeigen, dass man auf der Ebene der Quantenphänomene innerhalb eines Materials der Makrowelt aus unzähligen Elektronen einen technisch nutzbaren Patrix-Zustand erzeugt hat, der ähnlich innerhalb von massebehafteten Elementarteilchen vorkommt und dort dem Vakmosphäruum zugeordnet werden kann. Dieses Vakmosphäruum hier zerfällt nicht so leicht bei Energiezufuhr, weil auch Elektronen selbst in dieser thermischen Umgebung ziemlich stabil bleiben. Spannungsunabhängig müsste sich diese Elektronen-Lagerstätte durch Elektronen-Zufuhr sogar zum Überlaufen bringen lassen.

Die Supraleitung der Hochtemperatur-Materialien scheint dann daher zu rühren, dass es im Vakmosphäruum kein zusammenhängendes Magnetfeld gibt. Dieses wird erst am Rand der Elektronenseen aufgebaut, wobei es die eingesetzten Hybridmaterialien besetzt. Jene Materialien bestehen wiederum wie gewöhnlich überwiegend aus Vakliquiduum, in welchem sich Magnetfelder formieren und fortbewegen können. Alles dies entspricht einer Verdrängung des Magnetfeldes aus dem Elektronensee, so dass dieser ohne elektrischen Widerstand bewegt werden kann.

Das Konformationen-Modell erlaubt sowohl die Betrachtungsweise mit nur einer einzigen möglichen Gravitations-Beschleunigung an jedem theoretischen Punkt in der Raumzeit als auch das Aufsummieren vieler Gravitationsbeschleunigungsvektoren in jedem Punkt eines 4-Raumes, möglicherweise auch noch andersdimensionaler Räume, wobei die imaginäre Dunkelmaterie lediglich die Lücke füllt, so dass sich die reale Gravitationsbeschleunigung aus der Summe aus Leicht – und Schwerkraftwirkung ganz zwanglos ergibt. Im gewohnten Nahbereich unserer alltäglichen Umwelt reicht das bisherige Konzept der Schwerkraft aus. Die Leichtkraft ist hier gewöhnungsbedürftig. Indem wir aber immer weiter in den intergalaktischen, ja interuniversellen Raum vordringen, wird die Leichtkraft zur dominierenden Kraftwirkung, je größer die Entfernungsskalen der betrachteten Raumzeiträume werden. Im Konformationen-Modell beginnt die Gravitations-Kraft-Wirkung nun auf einer imaginären größten Skala. Dort herrscht ausnahmslos die Leichtkraft-Wirkung. Je kleiner die Entfernungsskalen werden, desto mehr stören andere Kräfte die Leichtkraft, bis sie schließlich bei Skalen der Elementarteilchen die Leichtkraft gegen Null laufen lassen. Schwerkraft-Phänomene können so gleichwohl ein negativer Spezialfall der Leichtkraft sein, mit der es die Physik historisch gesehen zuerst zu tun bekam. Probieren wir es aus, indem wir von nun an versuchen, zu denken, dass die Erde uns nicht mehr anzieht, sondern dass wir gemeinsam aufeinander zu gehoben werden. Welch tolle Vorstellung.

ABSPANN

Mein Essay über die Leichtkraft bezieht sich auf den Kosmologischen Monolog aus den Schriften vom Rande der Zeit von Uve Xoelar, im Jahr 2008 verlegt bei Books on Demand Norderstedt, ISBN 3-8334-3738-3, Bundesrepublik Deutschland. Das dort erstmals beschriebene kosmologische Konformationen-Modell ist hiermit wie an einem Gedanken-Faden weiterentwickelt worden. Es reift im Hintergrund auch weiterhin. Sollten sich Ähnlichkeiten mit den lehrbuchverankerten Ideen Anderer finden lassen, die anderen etablierten Weltbildern entsprechen, so sind deren Namen im Text genannt und gehören seit Langem zum Kanon zur Beschreibung unseres Universums oder dies beruht aus Unkenntnis auf purem Zufall. Man sollte sie als zufällige gedankliche Oszillationen in die umgebenden Modelle über unseren Kosmos belassen.

Uwe Ulrich Köhler

Inhaltsverzeichnis